And sud...
the Inventor Appeared

TRIZ
创新系列之一

哇！
发明家诞生了
TRIZ创造性解决问题的理论和方法

〔苏〕根里奇·阿奇舒勒◎著
〔美〕列夫·舒利亚克◎英译
范怡红 黄玉霖◎汉译

西南交通大学出版社
·成都·

四 川 省 版 权 局
著 作 权 合 同 登 记 章
图进字 21-2003-056 号

图书在版编目（ＣＩＰ）数据

哇！发明家诞生了：TRIZ 创造性解决问题的理论和方
法／（苏）阿奇舒勒著；（美）舒利亚克英译；范怡红，
黄玉霖汉译. 一成都：西南交通大学出版社，2015.7（2023.3 重印）
ISBN 978-7-5643-4000-1

Ⅰ. ①哇… Ⅱ. ①阿… ②舒… ③黄… ④范… Ⅲ.
①创造学 Ⅳ. ①G305

中国版本图书馆 CIP 数据核字（2015）第 139960 号

哇！发明家诞生了
TRIZ 创造性解决问题的理论和方法

[苏] 根里奇·阿奇舒勒 著	出 版 人 阳 晓
[美] 列夫·舒利亚克 英译	责 任 编 辑 张慧敏
范怡红 黄玉霖 汉译	封 面 设 计 严春艳

印张 14.25 字数 184 千	成品尺寸 165 mm×230 mm
版本 2015 年 7 月第 1 版	印次 2023 年 3 月第 7 次
出版 西南交通大学出版社	地址 四川省成都市二环路北一段 111 号
	西南交通大学创新大厦 21 楼
印刷 四川煤田地质制图印务 有限责任公司	邮政编码 610031
网址 http://www.xnjdcbs.com	发行部电话 028-87600564 028-87600533

书号：ISBN 978-7-5643-4000-1　　定价：35.00 元

图书如有印装质量问题 本社负责退换
盗版举报电话：028-87600562

美国创造学大师
乔治·普林斯的书评

　　这是一本令人惊奇的书。它不仅提出并解释了很多有关发明的有效的思考策略，还介绍了很多基于物理、化学、几何知识的手段和方法来解决发明问题，并对尚未意识到的问题提出预期解决方法。另外，该书总结出了一种完整的理论形式，并提出一个思想家可以发展的很多种思考方法来对"没有答案的问题"进行解决的方法。而且，锦上添花的是所有这些理论和方法都是以一种可以动手来学的方式面对读者，作者提出了各式各样奇妙的需要发明创造的实际问题，让读者运用在 TRIZ 理论中所学的技巧来解决问题（请参看附录 1 的答案部分）。

　　这个理论和方法是在研究了成千上万项专利项目的基础上提出来的，它提供了很多通用的原理来把问题简化到最基本的要素，并从崭新的角度重新审视，并引导可能的发明者利用某一特定技术领域的知识来帮助解决问题。我没有见过任何另外的发明理论和方法读本能像本书这样给人们提供这么丰富多彩的既实用又充满想象力的思考工具。

　　用一句话来概括，TRIZ 不愧是一件瑰宝。

诚挚的
George Prince

英译本再版前言

本书英译本出版后的两年间发生了很多和 TRIZ（"创造性解决问题的理论"的俄语缩略语）有关的事情。TRIZ 理论已冲出了俄罗斯疆域发展到欧洲其他国家及美国、印度、中国等地。

一些由俄罗斯科学家组成的公司和 TRIZ 专家已经在美国应用 TRIZ 理论取得了很大的成功。附录 3 列出了提供 TRIZ 服务的美国公司的联系地址。

位于马萨诸塞州剑桥城的发明机器公司（IM）是 1991 年在美国成立的第一家推广 TRIZ 理论的俄国公司，如今 IM 提供 TRIZ 计算机软件和培训。他们还为各公司解决技术问题并提供 TRIZ 理论方法咨询。

国际想象公司（III）位于密歇根的南费尔德，是俄罗斯 TRIZ 专家组成的第二家美国公司。III 提供 TRIZ 培训和咨询并研制出三套基于 Windows 的解决问题软件系统。

技术创新中心（TIC）是另一家位于马萨诸塞州的 TRIZ 公司，该公司和致力于技术转换的技术商业化中心合作成为提供 TRIZ 咨询、培训和出版的第三大基地。

另一些俄罗斯 TRIZ 专家 —— 如在密歇根底特律的维克多·费和在华盛顿、西雅图的金诺威·罗伊森 —— 也成立了他们自己的 TRIZ 咨询机构，提供培训和解决问题咨询。

一些美国公司已经开始将 TRIZ 培训安排在他们培训工程师的计划中。位于马萨诸塞州密休恩城的 GOAL/QPC 公司和位于底特律的美国供应商学院（ASI）就是在推广 TRIZ 理论方面非常活跃的机构。1995 年 11 月，200 多人参加了由 ASI 赞助、在底特律召开的 TRIZ 研讨会，这次研讨会重申了 TRIZ 是系统创新的重要工具。

自从这本书的英译本出版之后，《成功》杂志和《机器设计》

杂志陆续刊登了在美国工业领域应用 TRIZ 理论的文章。

最后，一项成立阿奇舒勒技术创新研究院的计划也已诞生。这所研究院将位于马萨诸塞州。该研究院将成为翻译、出版 TRIZ 理论著作，并推广 TRIZ 研究工作的中心。我们希望该研究中心将为合格的 TRIZ 专家和培训者颁发证书，并将 TRIZ 设计成正规课程介绍到美国的学术机构。该研究中心还将促进 TRIZ 的理论研究，使该理论在西方开花结果，并将推动该理论在技术界和非技术界的广泛应用。

感谢史蒂夫·罗德曼和萝彬·卡特勒为本书再版的编辑和重新设计方面所做的大量工作。

我们深信本书将把 TRIZ 更广泛地介绍给西方世界。

列夫·舒利亚克
马萨诸塞州伍斯特城
1996 年 1 月

1994 年英译本前言

> 我写作本书的唯一的意图就是向人们表示解决问题的过程是每个人都能学会的，学会这种方法很重要，并且学习的过程会令人振奋不已。
>
> ——H.P.阿尔托夫（根里奇·阿奇舒勒）

如今，技术发展正在以前所未有的速度改变着地球的面貌。科学家们正努力在尽可能短的时间里学习尽可能多的知识，努力使记忆更多，记忆保持的时间更长，做事情更快捷。这就需要不断地产生新思想和解决问题的新方法。另外，知识的量和将知识运用于解决技术问题的需求也在迅速扩大。我们如何才能处理众多新信息并使其有用武之地呢？

不幸的是，一种使大部分人的观念受到束缚的看法是：发明创造性是天生的，所以不可能教，也不可能学到。但是我们不赞成这种观点。当人们拒绝或忽略教授技术创新的同时，确实有音乐和艺术学校——而且这些学校接受各种学生，不仅仅是特别具有艺术天赋的学生。因此，我们也需要些学校和课程教我们增强发明创造性，并教我们如何创造性地解决技术和非技术的问题。我们可以将一种新的解决技术问题的理论用于教学。这种理论是在研究了人们解决真实问题的经验的基础上总结出来的。这种理论自从 1946 年由根里奇·阿奇舒勒研究出来之后就已存在并已广泛、成功地由很多人应用于很多国家。这个理论曾经在 300 多所学校得到传授，使苏联*、芬兰、英国、匈牙利及其他国家的不同年龄的人从中获益匪浅。

---

* 编者注：苏联，1922 年 12 月 30 日成立，1991 年 12 月 25 日解体。

有一个事实可以说明该理论的重要性：1978 年，苏联的第聂伯罗彼德罗夫斯克大学和其他一些院校要求学生通过解决技术问题理论的测试。

该理论最年轻的学生是高二、高三学生。因为该理论要求相应的物理、化学知识来解决问题，所以低年级学生学习起来则很困难。

本书作者根里奇·阿奇舒勒是苏联发明家协会的主席。1984 年他出版了《哇！发明家诞生了》，在书中他用通俗简单的语言描述了他的理论的基础部分。如果你是一位发明者或是喜欢研究技术问题，这本书就是为你设计的。

你将在本书中学习创造性解决问题的理论（TRIZ —— 俄语缩略语）的基本概念。你会在书中找到 78 个真实问题和 27 种实用性工具来解决这些问题。

这是为涉足发明的美国人翻译的第一本实用书。

在一些问题的解答中，作者提到一些在苏联注册的专利项目。它们不是我们现在理解的专利，而是只在苏联获得承认的专利 —— 当时被称为获作者证书的项目。

在英译版中我尽力保留原作的风格。但有时是不可能的。我不得不做出一些改动以使本书适合美国读者。该英文版增加了三个附录。附录 1 是书中出现的所有问题的解答。附录 2 提供了作者在书中描述的解决问题要用到的所有的方法和技巧。附录 3 是美国提供 TRIZ 服务的机构。

我第一次学习 TRIZ 理论的经历可以追溯到 1961 年。我当时在设计一种非常敏感的传感器。可是一个问题使我在设计过程中搁浅。当时根里奇·阿奇舒勒的第一本书《如何成为发明家》正好出版上市，是这本书帮我很快解决了当时看似"不可能解决的"问题。从那以后我陆续发明了 20 多个专利 —— 其中很多都是得益于 TRIZ 理论。

目前，底特律的威恩州立大学是第一所将根里奇·阿奇舒勒的理论运用于教授创造性解决问题的理论课程的美国大学，已经研制出好几种基于 TRIZ 理论的英文计算机软件。

想要学习 TRIZ 理论的人士可以通过马萨诸塞州伍斯特的技术创新中心学习这方面的课程。

我确信你会欣赏这本书，并祝愿你马到成功。

是我们的国家重新争取在技术领域的领导地位的时候了。

我特别感谢根里奇·阿奇舒勒允许我翻译他的书。感谢我的编辑们：爱迪司·摩根、里查德·兰格文和亚历山大·罗格哈奇。特别感谢我夫人的耐心和对这项工作意义的理解和支持。

列夫·舒利亚克

目　录

第 **1** 部分

TRIZ 理论简介

第1章 这是不可能的

　　我第一次看见一个发明家是在第二次世界大战之前，我当时是四年级学生，居住在巴库。一天，放学时我看到一些修理工在一台坏了的变压器旁沮丧地抽着烟。这台坏了的变压器安放在一个坚固的砖台上。这个台子有一米多高，而变压器看起来像是一座巨大的纪念碑。人们在等待一辆吊车把这台坏了的变压器搬走再安装一台新的。

　　那天晚上没有电，我只好在油灯下做作业。第二天、第三天仍然没有电。在当时吊车是很稀有又很昂贵的机器，能够调来一辆并不是一件简单的事。这些电工们抱怨着这个糟糕局面，不知何时才能完成这项工作。

　　我不知道 11 号公寓住着一个发明家。但人们都在议论 11 号的住户，一个会计，说第二天他将把变压器从砖台上搬下来。我们这幢楼的每位房客都有一个绰号。一些人的绰号表达着别人对他们的敬意，比如"科斯塔亚大叔"或"渥莱德大叔"等，但这个会计只是"会计"。

第二天，我没上最后一节课，因为我很好奇，想看看这个会计怎样将这个笨重的变压器搬下来。我到的正是时候。在我们住处后院的门口停着一架装满冰的马车，工人们正从马车上把冰卸下来并堆放在变压器旁边。

　　我必须先解释一下：在当时我们没有电冰箱。从春天到秋天，每天都有马车运送冰块。各家买了冰块装到木箱子里，有时他们也将冰块放到桶里或罐子里。

　　当工人们把冰块运到变压器旁边时，会计就将它们码在砖台的旁边。当这个新的冰台达到和砖台一样高时，会计放了一块木板在冰台上面。工人们用铁棒，一厘米一厘米地将变压器从砖台挪到冰台上。

　　冰块吱吱作响，但由于冰块是很整齐地堆放的，冰台并没有垮掉。最后，会计亲自用一块布将冰块围住。我们全站在那儿观看。一会儿，冰开始融化，地面出现了一条小溪。

　　开始时，小溪很小，接着就越来越大 —— 因为九月份巴库的阳光仍像夏天一样。

　　院子里的每个人，就连最喜欢嘲笑别人的"宝藏大爷"（这绰号得于他总是肯定地知道最大的宝藏藏在什么地方，但他有一个问题：他没有钱到那里去）也说用冰来解决这个问题是个好主意。麦克尔大叔 —— 现在每个人都不会用"会计"来称呼他了——坐在折叠椅上看报纸。他不时地揭开围着的布看一看冰融化了多少。

　　第二天早上，我跑到院子里，变压器已经下降一半了。虽然是星期天，工人们仍在这里。围着冰的布下面已形成了一条小河。我惊呆了，每一个人都知道冰会融化，我也知道这点。但是没有人想到变压器可以被挪到一个冰台上，而由于冰的融化可以将变压器降到地上。

　　为什么只有麦克尔大叔，而没有其他人想到这个主意？

　　以前，冰块一般只是用来使食物保鲜，但现在，冰块代替了吊车。为什么？冰块说不定还能有其他的用途 —— 而且不仅仅是冰块！突然，我意识到也许任何东西都能有不平常的用途。

一个词闪现在我的脑海里：发明。我想会计麦克尔大叔会因此成为一个发明家。特别是如果他再能找出办法将新变压器搬到砖台上去的话，也许有人会写一篇关于他的文章在报纸上发表。但是，星期一吊车来了。工人们用它把新的变压器安放在台子上，把旧的搬走了。电工们接通了变压器，木工们修好遮雨棚，油漆工刷上了油漆，整个工作结束了。但是我将永远记得在任何情况下，即使是在没有希望的情况下，总能找到一种解决问题的办法。某种东西可以被发明出来，而这种东西会很简单很美好。

我在 14 岁的时候获得了我的第一项专利，以后又有其他发明。我曾在专利局工作并遇到不同的发明家。我越来越对发明、创造的机制感兴趣。发明是如何产生的？发明家的头脑里出现了什么？为什么一个解决问题的答案会突然冒出来？

你想成为发明家吗？如果想，请解决下面的问题。

问题 1　打碎还是不打碎

电灯泡厂的厂长将厂里的工程师召集起来开了个会。他让这些工程师们看一沓信。

"这些是顾客的批评信，"他说，"他们对我们生产的灯泡个满意，我们要提高产品的质量。我想灯泡里的压力有些问题。压力有时比正常的高，有时比正常的低。谁能想出办法测量灯泡内部的压力吗？"

"这很简单，"一位工程师说，"拿着灯泡，把它打碎……"

"把它打碎？！"厂长惊叫起来。

"为控制质量，每一百个只需要打碎一个。"这位工程师回答说。

"我们需要测试每一个灯泡，"厂长丧气地对工程师们说，"好好思考一下这个问题。"

突然，一个发明家诞生了。

"孩童都能解决这个问题，"他说，"将书翻到……"

你的建议是什么？你有测量灯泡内部压力的主意吗？

思考一两个小时，可能会想出 5 ~ 10 种解决这个问题的方法。通常这些想法比较一般。人们常常提到称灯泡的重量。理论上讲，如果你知道空灯泡的重量，你可以称充气后灯泡的重量，再来计算气体的多少。

在实践中，这种方法是行不通的。灯泡里的气体非常少 —— 只有 1 克的 1/10，甚至 1/1 000。需要用一种特殊的秤来测量重量以找出差别。进行这些测量及计算将需要很长时间。在实验室这也许是个好办法，但在工厂不行。

即使是很有经验的发明家也不能一下找出最佳解决方法。若不满意某种解决方法，发明家会持续分析一个又一个想法。他将夜以继日地思索。发明家会尝试用他所看到的每一件事物来解决这个问题。

如果下雪，发明家会想到寒冷。如果我们给灯降温会怎么样呢？气体将会变为液体，测量其质量将会容易一些。

一辆满载乘客的汽车从身边驶过，噪音，声音……如果我们用超声波会怎样？声音的速度依赖于气体的密度。

电视上正在转播足球赛，如果在灯泡里安装一个小球会怎么样？小球降落的速度依赖于气体的密度。

一天接一天，一月又一月，一年又一年——甚至会持续终生。有时发明家一生都不够用，其他发明家必然继续考虑这个问题，继续寻求答案。"如果我们这样来做会怎么样？"下一个发明家说。

　　通常的情况是在研究问题的中途，人们将这个问题搁置一边并认为这个问题是无法解决的，我们无能为力。

　　你可以设想一个科学家说："要达到超过声音的速度，我们要研究长跑运动员和短跑运动员。一个优秀短跑运动员和一个一般短跑运动员之间的区别是什么？快跑的秘密是什么？有许多我需要了解的事情。"

　　跑步运动员都是不同的，而且更重要的是，这类研究的结果不能用在设计超音速机器上。它需要不同的原理。

　　这种尝试错误的方法可以追溯到古代。实际上，这种方法的使用可以追溯到人类的起源。每种事物都在随着时间而变化，但尝试错误的方法依然如故。当代一个有名的科学家金斯伯格教授说："我的发明是整理各种不同的想法的结果。"在20世纪末这位教授通过整理各种不同想法来寻找答案！就如同在两千年前，两万年前，两百万年前可能做的那样。

　　所以，我们必须寻找一个较好的解决技术问题的方法。

　　技术的进化有它自己的特性和法则。这就是为什么不同国家的不同的发明家在各自独立研究相同的技术问题的时候，会得出相同的结论。这意味着存在着某些规律。如果我们能够找到这些规律，我们就能用这些规律来解决技术问题——通过规则、准则，而不在整理不同想法上浪费时间。

　　当然，一些怀疑论者会嗤之以鼻："你的意思是可以教任何人发明创造了！"我研究解决技术问题的理论不是一年、两年，而是我整个一生。开始时我独自工作，后来其他人也加入了这项研究。通过我们的努力，一个崭新的理论问世了。这方面的书出版了，教科书写出来了，将问题分了类，开办了各种研讨会和学校。目前，有300多所苏联的学校教授这种独特的解决问题的技术。

这种发明的理论可以教授给各种年龄的人 —— 但如同体育运动，教授对象越年轻越好。开始时我们发现职业工程师是最容易教授的对象，因为这种理论当时还在形成阶段，经验在解决问题时起了帮助作用。当理论逐渐成熟时，我们开始教授年轻的工程师，而后又开始教授学生。我们后来还邀请了高中高年级学生参加大学生培训组。

1974 年一个青年杂志开始刊登发明的问题，都是真实生活中的技术问题，与测量电灯泡内部压力的问题非常相似。我们分析这些问题，对典型的技术错误给予评论，解释这种发明的理论，并在下一期刊登出新的问题。

我们还不能教幼儿园的小孩，我们的学生起码应在五六年级以上。要学习发明的理论，人们需要一些物理和化学的知识。要跨越障碍，我们就要提出有趣的问题而不是严肃的问题。

作为例子，我们设想在一个空房间里只有一个玩具娃娃放在窗台上，两根绳子从天花板上垂下来。我们的任务是将两根绳子的下端连接起来。但是你拿着一根绳头却够不着另一个绳头。需要别人帮忙把第二根绳子甩过来。但这个任务只能由一个人完成，不许别人帮忙。即使没有物理知识的孩子也能想出解决办法：第二根绳子必须动起来 —— 但它又太轻，需要在它的下端绑上一个物体使它摆动。玩具娃娃可以充当这物体。问题就迎刃而解了。

如果我们在房间里和玩具娃娃一起再放两个气球，这个问题就会困难得多。因为气球轻，不能充当重物。但气球会吸引孩子的注意力，因此要过好久孩子才会注意到玩具娃娃。我们还能使这项任务更复杂一些。我们可以将所有东西从房间里拿开，看哪个孩子能想出用鞋子来作重物。你可以看出，一方面这个问题不是发明的问题，但另一方面它和发明问题很相似。我们将在后面章节中谈到其相似性。

在这本书中，我们只谈技术发明创造的问题。这本书当然只是一本教科书，我唯一的愿望是想说明解决技术问题的过程是任何人都可学到的，学习这种过程很重要，而且也很激动人心。

第2章 一些简单的例子

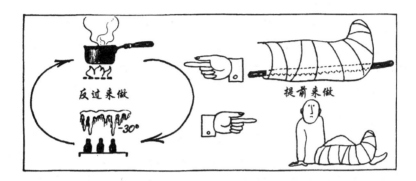

尽管很困难，但我还是要使你相信下面几个问题确实是发明方面的问题，而且发明家们所找出解决问题的答案被归纳为发明。即使还没学习发明理论你也能解决这几个问题。你已经有足够的知识和经验来解决这些问题。

问题 2 巧克力中的窍门

那天是一个女孩的生日。有一个客人带来了一大盒巧克力糖。这些瓶子形状的巧克力糖里面装着果汁。所有的人都很喜欢这种巧克力。有一位客人说："我很纳闷这些果汁巧克力是怎么做出来的。"

"他们先做好巧克力瓶子，然后往里面灌上果汁。"另一个客人解释说。

"果汁必须非常稠，不然的话，做成的糖就不容易成形，"第三位客人说，"同时也不容易将果汁倒进巧克力瓶。通过加热是可以使果汁稀一些以便倒进巧克力瓶，问题是热果汁会使巧克力瓶融化。

我们得到了数量，但却失去了质量。会有很多不合格的巧克力糖。"

突然，一个发明家诞生了。

"我有个主意！"他惊叫到，"我知道如何又快又好地制作这种糖，窍门是……"

他作了详细解释。当然巧克力糖能够很简单地制作出来。想一下，这位发明家的建议是什么呢？

这个问题刊登在青年杂志《先驱者真理》上。有几千封回信解答这个问题，几乎所有的信都给出了正确答案。你也许已经想出了这个窍门：果汁应倒在一个模子里，冻成形后在融化的巧克力中蘸一下。冻果汁和热巧克力就是这项发明。这件事是在爱沙尼亚的一个化学院进行的。

另一家杂志叫做《政府公报》。每两周这家杂志就刊登几千份发明。对这些发明的解释有时虽然冗长，但最终包含着发明的实质。该杂志每期发表的发明当中有 3%~5% 是能够由学龄儿童发明出来的。这些发明不需要物理和化学方面的特殊知识。当然，这些是小的发明，但它们的确是发明！这些主意既新颖又实用。

如果我们给孩子们哪怕一点点知识，情形又会如何？

问题 3　我们该选什么地方

城镇的中心广场上有一座古塔，人们担心塔是否在下沉。一个委员会在研究这个问题。所有的委员一致认为需要找出一个固定的位置来进行测量 —— 这个位置应是固定的并在塔上可以看得到。

很可能这个广场周围的建筑也在下沉。距塔 1 500 英尺处的公园有几堵墙壁没有下沉，但是由于中间有高层建筑遮挡，从塔上看不到公园的墙壁。

"非常复杂的情形，"委员会主席沉思后说，"看来我们得向一些学者请教。"

突然，一个发明家诞生了。

"不必麻烦他们！"他说，"看一下初中的物理书你就会发现……"

然后他解释了要找的原理。

你明白了吗？

也许你已经找到答案了。如果没有也别泄气，打开物理书，翻到水平仪那一部分。

让我们拿两根玻璃管，一个安装在塔上，另一个安装在公园的墙壁上。将两根管子用胶管连接起来，然后将整个装置装上水。因为这是一个水平仪，水平面应保持在相对于海平面的同样的高度。我们将这个高度做上记号，如果塔在下沉，塔上玻璃管里的水会升至记号以上。

非常聪明的发明，只用到初中的物理知识。

让我们考虑一个更复杂些的问题。

问题 4　不合作的"A"和"B"

在一个化学实验室，工程师在制造一台生产新型肥料的机器。这台机器要把两种不同的液体成分分别雾化并充分混合在一起。让我们把这两液体分别称为"A"和"B"。化学家推测雾化后的"A"滴会向"B"滴运动，形成新的"AB"滴，就是计划得到的新型肥料。当这台机器启动后，"A"滴和其他"A"相结合，形成了"AA"滴。"B"滴的情况也是如此，但化学家们并不想要"AA"滴或"BB"滴。

"也许我们应在雾化前混合'A'液体和'B'液体。"一位化学家说。

"不行，我们不能先把它们混合。"另一位化学家说，"我不知该怎么办。"

突然，一个发明家诞生了。

"拿出物理书。我们能找出所需的原理来解决这个问题。"

你认为他在谈论哪项原理呢？

如果你翻看物理书，你会很容易地找到这条简单原理。带相同电荷的物质互相排斥，带不同电荷的物质互相吸引。让我们给"A"滴充上正电，"B"滴充上负电。当这两种液滴混在一起时，我们就会只得到"AB"滴。你可看出一些创造性和一些物理知识帮助解决5%～10%的发明性问题。如果进一步，我们再用一些特殊的技巧，又会怎样呢？

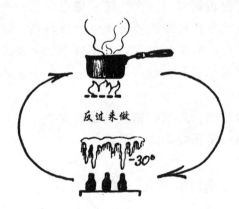

每项职业都有自己的规律、技术和窍门，从而帮助人们更快、更好、更容易地做这件工作。解决发明性问题也是一样。我们已经学到了一些。

你还记得问题 2 关于巧克力糖和果汁的问题吗？那位发明家说："这个窍门是……"这个窍门就是方法，是通向解决问题的途径。解决巧克力糖的问题有两个窍门：开始时有人想将果汁加热，但是那位发明家想到了相反的办法——将它降温，甚至冷冻起来；第二个窍门是知道冻过的果汁在室温下会融化。物体改变了它的物理状态。前面提到过的会计解决的问题中也发生了物质状态的变化，冰融化成水，同时变压器慢慢下降了。

很多方法都是以物理作用和物理规律为基础的。方法与物理作用和规律不同，是因为方法旨在解决技术性、发明性问题。物理规律表明物质可以由一种状态转换到另一种状态。方法则具体指出，在这种物质状态转换过程中，某种物质特性产生戏剧性的转变，而这种转变可以用来解决具体的技术性问题。

现在概括出两个非常有效的方法：

方法 1：反过来做；方法 2：改变物质的物理状态。

随便拿一本《政府公报》，我们可以找到运用上述方法而产生的发明。举例来说，第 183122 号专利："从货船中卸出砂糖的方法"。为了加速整个过程，先将糖溶于水中，使之成为液体，抽到储存筒中，然后再加热使之还原为砂糖。

另一个例子，第 489938 号专利是一个恢复仓库中的大量物品的自由流通性的方法。发明者建议进一步用液态氮使之冷冻而不是通常那样用蒸气加热。氮使粒子间的冰变为气体蒸发。

发明家用了两种方法：首先，反过来做——使物体冷冻而不是给物体加热；第二，改变氮气的物理特性。氮由液体变为气体。

现在试一个你自己可以解决的问题。

问题 5 自行消失

铸造厂的工程师遇到一个相似的问题。铸造的金属零件需要用吹沙机清理干净。高速运动的沙子将铸件清理干净，但沙子会留在铸件的缝隙里。现在，我们需要把沙子从铸件中清除。当铸件又大又重时，很不容易将它翻过来把沙子倒掉。

"也许我们可以把缝隙先盖上？"一位工程师建议，"不行。这需要太多工作。我看不出解决的办法。沙子不会自己从缝隙中出来。"

突然，发明家诞生了。

"是的，"他说，"沙子可以自行消失。我们需要用……来做沙子。"用什么来做沙子呢？

请注意以上所有的问题来自不同的技术领域，但发明家可以用同样的技巧解决这些问题：**方法 1，反过来做；方法 2，改变物质的物理状态。**

问题 6　有一项专利

在一个橡胶管上需要钻很多 10 毫米的孔。如果胶管不是软的，在上面钻孔很容易。但胶管一会儿伸，一会儿缩，一会儿弯，在这上面精确地钻孔是一件很复杂的事。尽管尝试用加热的铁棒在管上烫，但是这些烫出的孔很不光滑，且易破损。

"没有什么办法可想，真烦人！"总管叫道，几乎要哭了。

突然，一个发明家诞生了。

"不要哭！"他说，"这很简单！第 1268562 号专利的发明家提出……"

这项专利是什么？考虑一下。

你已经熟悉了一两个方法，有上百个这类的方法。一些方法出人意料，机智灵活。在解决了下一个问题后你会赞同我的说法的。

问题 7　你是什么样的侦探

一个公司买了葵花籽油，用油罐车运送。每个油罐可以装 3 000 升（750 加仑）油。买主发现每次卸完油都短缺 30 升。他检查了测量仪，一切都很正常。他查看了油罐上面的封口和可能漏油之处，一切都没问题。他甚至考虑到油罐内壁可能沾上的一层油以及气温变化的影响，但没有任何迹象能解释短缺油的原因。

一些有经验的侦探被请来调查这个问题，他们什么也没有发现。油罐车没有停过，驾驶员也没有往外抽油。侦探感到百思不得其解。

突然，一个发明家诞生了。

"你算什么侦探啊？"他说，"这很简单，我们只需思考一下。"接着，他解释了所发生的情况。

你认为发生了什么？

这个问题刊登在一个青年杂志上。后来收到几千封中学生和大学生的来信，还有一些工程师来信，有两封信是由警察写来的。在这堆积如山的信件中没有一个给出正确的答案。侦探们如果知道一个发明家的窍门，他当时就应该能发现这个秘密。这个窍门就是：**如果某事现在不能做，它可以提前做。**

最后发现司机在装油之前就在油罐内挂上一个桶。卖方将油罐装满，同时桶也装满了。油罐车开到买方的地方将油卸下来。装满油的桶仍然在油罐里面挂着，司机以后再将桶拿出来。

这是方法 3：提前来做。发明家经常采用这种方法。

让我们看一个医疗方面的问题。在拆石膏绷带时，很难不擦伤皮肤。一个发明家提出上石膏时就在石膏下面装进去一个由橡胶管裹着的很薄的锯条。当要拆石膏时，医生将锯弓和锯条接上，将石膏从内向外锯开。

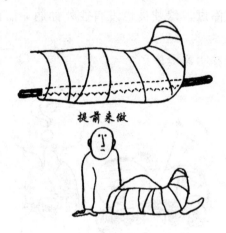

提前来做

第 3 章 技术矛盾

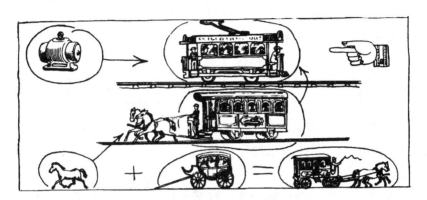

　　到目前为止，我们已经学习了三种方法或程序，你会想这倒是挺简单的 —— 只要学会几百种方法，你就可以解决任何问题了。不幸的是，情况要复杂得多。请考虑下面的例子：有一种机器可以制作直径很大的钢管。在这个车间里，工人们将大卷的钢板吊起来，把下面的一边塞进这台机器里，机器将钢板焊接成钢管。焊好的钢管以每秒 2 英尺的速度从机器中出来。一切都挺好，只是钢管需要被切割成特定的长度。

　　让我们看一下需要将钢管制成 12 英尺长的情况。这意味着每 6 秒，钢管必须被切割一次。一个旋转的圆形电锯在钢管刚一出来 12 英尺时就进行切割，电锯在切割时能和钢管一起往前运动，直到它把钢管切断，然后再退回开始的位置。整个过程需要在 6 秒钟内完成。

　　要想切割得快，需要一个大功率的切割机械。但由于这种机械装置又大又笨重，它在和钢管一起往前运行时的速度就快不起来。如果我们把切割机设计得轻巧一些来保证速度，它就不能切割得像需要的那样快。整个情况如同一种恶性循环。

解决这种问题，科学家一般用妥协让步的办法。让步的结果是，切割机既不快速切割，又不快速运行。这样，钢管从机器中出来的速度就会比所需的慢 1.5 倍 —— 令人失望的结果。

我们也许已经找着了解决方法：提前来做 —— 在钢板还没有进入机器之前就进行切割。但是，这样还是不能解决这个问题。因为我们将一段钢板塞入机器就需要更多的时间。而这个焊管机器的高效率依赖于持续的、不间断的钢板输送过程。

这个问题悬而未决，持续了很长时间。通过运用其他的窍门，工程师提高了切割机的速度，但却保证不了精确度。有些出来的长一些，有些短一些。如果设计出一个非常复杂的电子系统，虽然能提高切割长度的准确性，但同时生产和保养费用也提高了。

发明家诞生了，提出同时采用两种方法，**方法 3：提前来做；方法 4：做少一点。**

方法 4 的含义是：**如果一项行动不能完全实现的话，就必须部分的实现**。这就意味着钢板应该被切上口，但并不切断。当焊好的钢管达到规定长度时，一个轻微的震击就足够将它与下一段分开了。这是个奇妙的答案，不是吗？根本就不需要高速旋转的切割机了。钢管通过一个电磁装置，一个电磁冲击就会使钢管断开。

如前所述，窍门是将两个方法结合起来使用。如果将两个方法分开，则不能产生所需的效果。

100 种方法如果两两结合起来就会产生约 10 000 种组合。你可以设想如果我们将 3 种、4 种、5 种方法结合起来可以得到多少种组合。所以，让我们停止用尝试不同方法，或错误尝试的方法来解决问题。

有些方法早在 19 世纪末就为人所知。各种专家从那以后，归纳了 20 到 30 种方法。如果我们再进一步的话 —— 不仅增加了新的方法，而且将上述方法归类、结合 —— 我们就能解决更多的问题。

人们发现单独的方法是适用于很局限的领域，所以还是很难摆脱错误尝试的方法。如果我们从一个不同的角度来看待技术问题，从而来理解这些问题是如何产生的，情况会如何呢？发明性问题，技术性问题的定义是什么呢？

让我们再来看一看焊管机的问题。它是一个具有很多机械系统和零件的复杂机器。当其中一个系统的效率提高了 —— 焊接金属管的机器 —— 这个机器作为整体效率就更高了。但是立即会出现一对技术矛盾：焊管机速度比钢管切割机的速度快得多。

要解决这个新问题 —— 焊接过程的速度越快，切割过程则越困难 —— 尝试提高切割装置的性能。技术矛盾再度出现：要想提高切割管道的速度，需要一个更复杂更笨重的切割机。当然，这个复杂笨重的切割机和钢管一起运行时速度较慢，整个生产过程的速度又会慢下来。

技术系统和生物有机体是相似的。它们有互相关联的部分，**改变系统的某一部分可能会对系统的另一些部分产生负面影响**。系统中一部分的改善引起了系统中其他部分或相关部分的问题，引起了**技术矛盾**。发明就是要解决这种技术矛盾。

一个发明性的解决问题的方法总是有两个要求：

（1）改善系统的一个单独的部分或特性。

（2）同时并不损害该系统或其相关系统中的其他部分或特性。

问题 8　火星车

关于太空探索的一个科幻故事描述了一次火星探险。宇宙飞船降落在一个石头山谷，接着宇航员迅速准备一辆火星车以便进行在火星表面的旅行。这个特殊的火星车有很大的充气轮胎。当遇到第一个陡坡时，火星车就翻倒了。

突然，……不，不幸的是，这个故事中发明家没能出现。你认为发明家应该提出什么？

请记住宇航员是没法更换轮胎的。

这个问题也刊登在一个青年杂志上。在大部分的来信中，答案是在火星车的下面悬挂重物，降低火星车的重心，从而提高其稳定性。先不要急于表达你的看法。让我们先分析一下其他的建议。现在我们要有一个评价标准，这里面的技术矛盾解决了没有？

火星车下面悬挂的重物会增加其稳定性，但同时也会降低火星车的运动性能。火星车和火星表面间的净空会减少，从而引起重物碰撞石头或火星表面的次数比原来多。一个技术矛盾！

下面是一些其他的想法和建议：

（1）将轮胎的气放出一些，使它只有一半的气。

（2）在火星车的两边分别多安装一只轮胎。

（3）让一些宇航员将身体探出火星车以便保持平衡。

不难看出在上述建议中，我们能解决一部分问题，但同时又引起另一些问题。放掉一些气会降低火星车的速度，增加轮胎使火星车更复杂——而且在火星上没办法这样做。让宇航员探出身来会引起不必要的危险。由于很难排除这些矛盾，一个读者写道："什么办法我都想不出了，让宇航员走路吧。"

你能设想一个海员不知道必须要躲过的险滩和暗礁吗？一个发明家如果不知道解决技术矛盾就如同一个海员不知道必须要躲过激流、险滩一样。

你还记得测量灯泡内部的压力的问题吗？打破灯泡来测量的主意获得了专利。在现实中这并不意味着产生了发明。因为矛盾并没有消除，打破的灯泡越多，测量越准确，但是碎灯泡也越多。

在你说**"我解决了一个发明性的问题"**之前问问自己：**"我解决了什么矛盾？"**

在火星车下面悬挂重物并不困难，目的是将这个重物安放得尽可能低。现在我们发现另一个问题，悬挂很低的重物将减少火星车与火星表面的空间，不用"发明窍门"来解决这个问题不会提高火星车的运动性能。

让我们来尝试一个新方法，新窍门：我们将把重物放得非常低，实际上让它接近火星表面——不在火星车的外面，而在里面。我们把重物藏在火星车里面 —— 轮胎里面。我们将在里面装上滚珠和圆的石头，它们会滚动。

这是方法 5：Matreshka（套叠法）。

Matreshka 是一个套叠的玩具娃娃，一个娃娃里面有另一个娃娃，另一个娃娃里面又有一个，等等。为了少占空间是可以将物体装在另一物体内部的。

日本公布了一项能起这种作用的专利，用此项专利可以提高卡车和自动吊车的稳定性。

问题和答案像一条河的两岸。猜测答案如同从河岸跳入河中游向对岸。发现技术矛盾以及解决这些矛盾的方法起桥梁的作用。解决技术问题的理论和建筑桥梁的科学相似，这些隐形桥梁将思索引向新想法。

另外，矛盾和解决矛盾的方法还可以比做桥墩。从一个桥墩跳到另一个桥墩上是不容易的。我们需要在桥墩上面架上桥面，这样我们才能从桥的一端走向另一端。我们需要一个特殊的手段，从要解决的问题中分析出矛盾，从分析矛盾中找出解决的方法。这样，我们就可以一步一步地从问题的提出走向问题的解决。

我们稍后还将返回讨论桥的问题。非常重要的是要理解：

发明家必须发现和解决技术矛盾。

解决发明性问题的理论就是从这么简单的一句话而开始的。

第**4**章 自己想一想

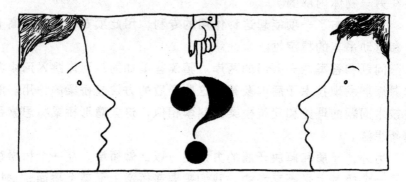

到目前为止你已经学习了 5 种解决问题的方法。

方法 1：反过来做。

方法 2：改变物理状态。

方法 3：提前来做。

方法 4：做少一点。

方法 5：Matreshka（套叠法）。

你已学到的物理效应和现象可以在上述方法中运用。在第三章末你得到一个可靠的标准来衡量你的想法：好的发明性解决问题的方法一定能解决矛盾。

我将提出几个问题以便进行练习。请记住不要把概念划分出去。利用你已学到的方法，以及上述问题中的物理效应和知识。

问题 9 一物多用

某个实验室制作了一台仪器来研究从飞机中喷洒的液体农药的

液滴。从管道中喷出的气流，载着上百万的液滴。但这台仪器只能产生小一点的液滴。在实验中发现对大一点的液滴也应该进行测试。

"让我们多买几台仪器吧。"一位工程师说。

"那需要很长时间，另外那样花费也太大。"另一位工程师反对说，"20个测试将需要20个不同的喷雾器。"

于是，一个发明家诞生了。

"一个喷雾器会起很多个喷雾器的作用，"他说，"这液滴的直径能够改变，只需要……"

他解释了该怎么做。

也许这个在你看来很简单。下面几个问题要更复杂一些，我想你能找出答案。

问题 10　将水变软

一次，一位著名的教练——以前的跳水冠军向他的一位同事抱怨道："现在的训练很困难，跳水动作变得越来越复杂了。我们要设计出新动作的组合进行练习，问题是多次不成功的入水增加了跳水损伤。当你从很高的跳台往下跳时水不是软的。其实我感觉到跳水运动员能够跳出新的动作，但是常常害怕入水时受伤而失去参加比赛的机会。"

"这我们可没办法可想"，同事说道，"这是我们所从事的运动所必经的风险，我的队员在不成功的入水时也有损伤。"

突然，一个发明家诞生了。

"不会再有损伤了，我们将水变软。我们只需这样……"

你认为我们怎样做才能将水变软而避免跳水运动员受伤呢？

问题 11　永不脱落的油漆

家具公司的经理对工程师说："去年我们向幼儿园销售了一百

套家具。令人遗憾的是买主抱怨说孩子们将漆从家具上揭下来或刮下来。"

　　"这不是我们的问题，"一个受窘的工程师说，"即使是最牢固的油漆你也可以刮下来。这和我们没有关系。也许他们应该买不刷油漆的家具。"

　　"不，"经理说，"幼儿园需要色彩绚丽的家具，也许我们能找到能渗透到木板里面的油漆。"

　　"这只是幻想！"工程师说，"成千上万次尝试将油漆浸透木材，但是效果都不好。这你是知道的。"

　　突然，一个发明家诞生了。

　　"不，这并不是幻想！"他叫道，"这需要创造性和勇气来解决这个问题，窍门是……"

　　你认为窍门是什么呢？

第 **5** 章 超级组合——将看似不可能组合的东西组合在一起

如果你相信拜伦·曼乔森的故事，一个被追逐的狐狸会从自己的皮中跳出来。我们暂且不谈拜伦故事的真实性，而来看一个发明创造方面类似的故事。我们开始寻求答案，我们找到了技术上的矛盾，在我们感觉答案就要到手的时候，它却突然消失了！

即使你对技术上的矛盾有很深的理解，也不能保证你就能找到答案。相同的技术矛盾可以用不同的手段来解决。

技术矛盾来自于**物理矛盾**。换言之，在每对技术矛盾的核心下面都隐藏着一对物理矛盾。这情形如同一个技术系统的一部分，有一个"A"特性来表现某种性能，而且又有一个"反 A"特性来表现某种相反的特性。

一对技术矛盾通常和总体系统有关，或同系统中的几个部分有关。一对物理矛盾只和系统中的一个部分有关。

理解上述论断将大大增加找到正确答案的机会。

让我们看一下问题 5——将沙子从铸件上除掉。这个问题中的物理矛盾是："这种颗粒应该是坚硬的以便起清除作用；但同时又不坚硬（比如液体或气体）以便能从铸件里面出来"，一旦找出这对矛盾，答案就显而易见了。我们需要应用**方法 2：改变物质的物理状态**，而不需要任何其他考虑！让我们用一些干冰颗粒。坚硬的干冰颗粒将清理铸件，然后变为气体蒸发掉。

在问题 6 中，如何在橡胶管上打孔表现了几乎相同的物理矛盾。橡胶管应该是硬的，以便在上面钻孔；同时又应该是软的，以保持弹性。解决方法是一样的，我们只需将管子灌上水并将水冻成冰。在钻好孔后，再加热让水流出。

有一些特定的法则允许我们在分析问题的过程中从发现技术矛盾到发现物理矛盾。在很多种情形下，物理矛盾可以从描述这个问题的本身而发现。

问题 12 屏幕上的金属滴

一个实验室要研究焊接过程，科学家们想了解在电弧下一个金属棒是如何熔化的，在此过程中电弧的变化如何。他们接通电源，产生了电弧，用录像机录下了所发生的一切。当他们观看录像带时发现只有电弧是可见的。因为电弧比金属棒产生的金属滴亮，所以这些金属滴看不到。他们决定重做一次实验。这一次，他们增加一束电弧来照亮金属滴，他们又录了像。但这一次，在屏幕上只能看见金属滴，起电焊作用的电弧在屏幕上根本看不到。科学家们思索着"我们该怎么办？"

突然，一个发明家诞生了。

"这是一对典型的物理矛盾，"他说，"这个问题是……"

这对物理矛盾是什么？我们如何来解决它？

如果你认真阅读了本题的条件，你就能很容易找出物理矛盾。这第二束电弧应该出现以便看清金属滴；同时它又不应出现以便能看清第一束电弧。

技术矛盾通常是以很温和的形式表现出来的。举例来说：为了增加卡车的速度，我们需要减少货物重量。速度和重量互相冲突。但是，可能找到一个折中的答案。在物理矛盾中，冲突非常强烈。幸运的是，发明领域有它自己的法则，**冲突的程度越强，就越容易发现并解决它。**

照亮金属滴的电弧应该出现，又不应该出现。这意味着它应该在一段时间内出现而在另一段时间内不出现。出现，消失，出现，消失。在某段时间我们只看到金属滴，在另一段时间只看到电弧，在放录像时两种物质会在屏幕中交替出现，我们就可以看到电弧和金属滴。

这是方法 6：在时间或空间上分离互相冲突的要求。

你还记得焊接钢管的问题吗？钢板在某处被切割，但又不被切割。有更巧妙一点的办法将不可组合的部分组合起来，赋予整个物质一种特性，赋予它的组成部分相反的特性。

这似乎是不可能的，确实是，你怎么能用黑砖建成一座白塔呢？

以自行车上的链条为例，它每一部分都是硬的，但整条链子是"软"的。简单说来，物理上要求我们将不能组合的问题组合起来的矛盾并不是将我们引向死胡同，相反的它将使寻求答案的过程简单易行。

另一个例子，请考虑问题 10 —— 如何使水变软些。这是一个非常难的问题，连如何下手都无从知道。让我们先来试着找出其物理矛盾：游泳池应该装上水，而同时又应装上某种软的物质使运动员入水时不受伤。什么比水更软呢？气体或空气。结论是：游泳池应装上……

看起来我们走向了死胡同，运动员要跳入水中，但在运动员入水时它是硬的。气体是"软"的，但你不能跳入一个充满气体而实际上是空的游泳池。现在，当我们揭示这对矛盾时，我们会看到答案的曙光，让我们在游泳池里装上水并同时充上气，让运动员跳入水和气的混合物 —— 混着气的水。这就是苏联发明家如何得到 127604 号专利的。这项专利指出，在跳水前水中充上气泡，这对矛盾就解决了。充气的水仍然是水，即使你感觉起来有所不同。

请注意在解决问题道路上的曲折途径。问题的先决条件只有水的存在 —— 所以不能找着清楚的答案。我们退一步从水考虑到"反"水（气体，空气），看起来问题更复杂了。下一步非常重要，将水和"反"水（水和空气，硬和软，刚性的和柔性的，热的和冷的）结合起来。

如前所说，问题是能解决的 —— 在某一个时间或空间。

问题 13 既厚又薄

一个工厂得到订单要生产大量的 1 毫米厚的椭圆形的玻璃板。首先，工人们将玻璃板切成长方形，然后将四角磨成弧形使玻璃板成为所需要的椭圆形。由于玻璃板很薄，出现很多碎玻璃。

"我们应该把玻璃板做得厚一点。"一个工人对主管说。

"不行，"主管说，"我们得到的订单只需 1 毫米厚。"

突然，一个发明家诞生了。

"物理矛盾！"他叫道，"我们的玻璃应该既厚又薄。这对矛盾可以在时间上分离开。玻璃在研磨的过程中应该是厚的。"

你是怎样想的？

问题 14 如何走出死胡同

某公司开始制造一台新机器。不久，车间就面临一个意想不到的问题，这台机器的一部分要用特殊的钢板制成，这些钢板应该用电加热到 1 200 ℃，然后放在冲床上压成需要的形状。在加工过程中，工人们发现当钢板被加热到 800 ℃ 的时候，由于空气的氧化作用，钢板的表面就损坏了。

主管立即召集了一个会议。

他说："这情形就像神话故事中的情节，往右走会遇到麻烦，往左走遇到的麻烦会更多。"钢板应该被加热到 1 200 ℃，不然的话，它就不能被制成需要的形状。同时，钢板又不能被加热到 1 200 ℃，以免破坏钢板的表面。

"这很简单。"一个年轻工程师说，"我们将钢板加热到 1 000 ℃，取其中间温度。"

"这是没有用的，"一位老师傅说，"超过可接受的温度，钢板的表面还是会受到损害，而不到 1 200 ℃ 钢板则不能被制成需要的形状。"

"这是个错综复杂的任务，"主管说，"我们现在需要解决这个问题。"

一个发明家在这里诞生了。

"我有一个答案！"他说。

你认为他提出了什么方案？

问题 15　顽固的弹簧

设想你要将一个长 4 英寸直径为 2 英寸的螺旋状弹簧夹入一本书，你合上书的方式要使弹簧保持压缩的状态并随时都能张开。当工程师们组装一台仪器时就遇到了类似的问题。必须将弹簧压缩，放入仪器中并合上盖子。怎么完成呢？

"我们给它拴上一条绳子，"一位工程师说，"不然的话你将对这个顽固的弹簧毫无办法。"

"这并不好，"另一位工程师反对说，"在仪器里面的弹簧要能自如地张开。"

突然，一个发明家诞生了。

"问题是可以解决的，"他说，"弹簧应该既自由又不自由，既是压缩的又不是压缩的。一旦我们发现了一对矛盾，我们就有了一个发明性的任务。"

你会怎样解决这个问题呢？

第 **2** 部分

技术系统时代

第6章 船加船

在很多关于技术革命史的书中，19 世纪被称为"蒸汽世纪"。历史学家们将 20 世纪前半叶称为"电气世纪"。要想概括 20 世纪后半叶的技术发展用什么名字合适呢？到目前为止我们得到不止一种说法。它可能是"原子世纪""太空探索世纪""化学世纪"或者是"电子世纪"。

如果一位生活在 20 世纪初的工程师能够看到我们现在的生活，他也许会对很多他曾经熟悉的机械感到惊奇。这些机械和它们的"祖先"相比较的不同之处主要表现在其规模上，曾经是马车般大小的汽车已发展为大型载重货车。当时只能载客 2 ~ 3 人的飞机已发展为可以载客 300 ~ 400 人的大型客机。轮船发展得像漂浮的城市。涡轮机、吊车、楼房和实验室 —— 所有这些都变大了 10 倍。

现在的 1 辆大型卡车可装载过去需 12 辆卡车才能装得下的货物。是的，总重量是相同的，但是服务和保养一辆大型卡车需要的人手要少得多。装卸一辆这种卡车需要的时间也少得多。由于这种发展引发了很多当今的发明性问题，这不得不让我们思考。

问题 16 紧急降落之后

一架巨型运输机在距飞机场 200 英里处紧急降落了。人们将飞机上的货物卸下来并对机身进行检查，发现了很多裂缝、凹痕和损伤，必须将飞机送往工厂进行检修。由于飞机有 100 多吨重，要想出办法能将其小心地运往工厂以免出现更多的损伤。专家们聚在一起议论，如果这架飞机小一些就不会有这么大的问题了。

"你不必考虑那么多了！"一位见习生说。

没有人让他来开会，但他自己来了。他有个主意并想提出来："没有飞艇我们就什么都做不了。我们必须将飞机挂在飞艇上，而且……"

"青年人，"一个专家沮丧地说，"我们没有这样大功率的飞艇。再者我们也没办法将飞机吊起。所以，忘掉飞艇吧。"

突然，一个发明家诞生了。

"你错了，"他说，"我们确实需要飞艇，我们又不需要飞艇，我们必须将飞机吊起，我们又不必将它吊起。"

他接着解释了如何能解决这些矛盾的必要条件。

你能猜出这位发明家提出了什么吗？

机械的大小迅速地增长，它们在以两倍、十倍甚至百倍的速度增长。但这种增长不是没有限制的。总有一个时候再增长就会既不经济又不实惠。在这种情况下，如果两部机械合在一起，一个新系统就会产生了，这个新系统就会像以前一部单独的机械一样地发展进化。

让我们回忆一下轮船的发展史。第一只小船是由两支桨划动的。第一艘轮船是由一排桨推动的。接着，更大的轮船有两排、三排甚至四排桨。在古罗马时代，有一艘轮船造了三十排桨。同步地划这艘船是非常困难的。此外，船桨又长又重。最上面一排桨距离水面超过 60 英尺。

后来，人们开始建造既有桨又有帆的船。随着时间的推移船的大小增加了；帆的数量和大小而不是桨的多少增大了。渐渐地，桨—帆船演变成了帆—桨船。后来演变成帆船。于是，航行设备开始进化。首先是一根桅杆，然后是两根桅杆，等等。船的尺寸也像船上的桅杆数一样地增加。

接着又有了下一步：蒸汽机发明出来了，建造出第一艘蒸汽机帆船。接着上述过程重演了一遍。帆—蒸汽船变成了蒸汽—帆船，然后变成蒸汽船。

每次系统 A 和系统 B 结合，就产生一个新系统 AB。这个新系统 AB，原则上讲有新的特点 ——A 原来没有的特性和 B 原来也没有的特性。即使是一个新系统是由 A 加 A 产生的，这个新系统的性能也不等同于 2A，而是比 2A 强。

举例来说：一艘船加上另一艘船而形成的新系统不等同于两艘船，而是一艘双体船，该双体船系统比两个分开的船更稳定些。

系统的这种非常重要的性能可以很容易地用于指导下一个关于甲壳虫问题的研究。

问题 17　小甲虫的体温计

一次，科学家们聚集在一起讨论小甲壳虫的问题。人们发现对这种小甲壳虫的生存条件研究得很少。举例来说，没有人知道小甲壳虫的体温是多少。

"小甲壳虫非常小。"一位科学家说，"你不能用常规的温度计来测量。"

"我们要设计一个特殊的仪器，"另一位科学家赞同地说，"这需要很长时间。"

突然，一个发明家诞生了。

"并不需要设计一个新的仪器，"他说："拿一支普通的……"
你认为发明家提出了什么方法？

这个题目刊登在《先驱者真理》杂志上。另一个词"玻璃杯"附加在本题的叙述之后，发明家说："拿一只普通的玻璃杯……"。

一半读者提出的解决方法为："拿一只杯子，将其装满水并装入一个小甲壳虫，用正常的温度计测量其温度。"这不是一个正确的答案。一个小甲壳虫不能改变水的温度。扰乱思考的是"杯子"一词。一提到杯子，我们就会想到将其装上水，因为这是它最主要的功能。在尝试解决发明性问题时，经常会发现"文字陷阱"。这些文字会将你引入错误的想法。所以在创造性解决问题的理论中有一个很重要的法则：**所有特殊的术语都必须用最简单的词来替代。这是方法7。**

比如说，如果在一个问题中提到"微型可调螺钉"，这个术语就可以用诸如"可调整的精确运动的杆"来代替。"螺钉"这个词消失了，随即人们可以很清楚地知道解决问题的方法不一定要和"螺钉"的机械动作有关联。

与此同时让我们返回我们的问题。拿出一个杯子（或一个盒子或一个塑料袋子）是必需的，将其装满小甲壳虫，再用一个常规的温度计来测量。许许多多的小甲壳虫会形成一个具有新特性的系统。这个系统比原来的个别的小甲壳虫要大得多。因此就不难测出小甲壳虫的温度了。

在每期《政府公报》上我们都能找到将相似的或不同的物体组合到一个系统的技术创新的例子。

这就是方法8：将相似的或不同的物体组合到一个系统中。

举例来说，让我们考虑一下 408586 号专利。很多年前，锅炉是分开安装的。现在它们被集中放在一起。建造简化了，管道缩短了，而且只需一个烟囱。

另一个例子：在筒仓中饲养的动物散发出很多热量，所以需要降温。同时家畜棚需要加热。在 251801 号专利中，作者提出将这两者相结合。从筒仓中得到的热量来给家畜棚加热。另一个例子，如果我们将摩托车安装在船上，就有了一个新发明。一个美国发明家设计了一种既是船又是摩托车的车辆并获得 3935832 号专利，这种车辆只用一个引擎，摩托车上的引擎，这是一个新系统。

猎手在某种情形下需要两种装不同子弹的枪 —— 子弹和散弹（拿两支猎枪打猎是不方便的）。他需要用其中一支，

突然又需要用另一支，但是猎手常常没有足够的时间换枪。如果将两支枪绑在一起怎么样？过去有人这样做。后来，人们发现两支绑在一起的猎枪有很多相同的部分 —— 而这些多余的部分是可以去掉的。的确，这种双筒枪有什么必要用两个枪托呢？在多余的部分去掉之后，其结果就是双筒猎枪。

另一个创造性的问题：钢厂产生的废物 —— 废渣、废气，都用水通过管道排出。管道内部形成厚厚的垢层。通常这种垢层要用手工清除。长久以来，工程师们都在尝试解决这个问题。另外有一些工程师们还尝试解决另一个不同的问题，保护排煤渣管道免于过度的损坏。带有棱角的煤渣会刮伤金属管，使人们很不容易保护管道。发明家 M.夏拉波夫提出用一个共同的管道系统来解决这个问题。管道中先排出会产生垢层的废渣、废气，然后再排出煤渣，从而将管道中的垢层清除。这种过程不断的循环往复，问题迎刃而解。

要想组成一个新系统，人们应该将物体用这样的方式组合起来以便使其产生新的特点。

现在我们提出另一个问题作为练习。

问题 18 反过来考虑

一个工厂得到订单要生产直径为 1 米、高为 2 米的玻璃过滤器。过滤器上要做出分布均匀的孔。工程师们看着图纸被惊呆了：每个过滤器上要做出成千上万个小孔。

"我们怎么来做这么多孔呢？"总工程师问他的部下："我们来钻这些孔吗？"

"也许我们要用通红的铁针来扎这些孔。"一个年轻工程师毫无把握地说。

突然，一个发明家诞生了。

"我们既不需要钻孔，也不需要铁针。这件事应该反过来考虑。"他说，"比如……"

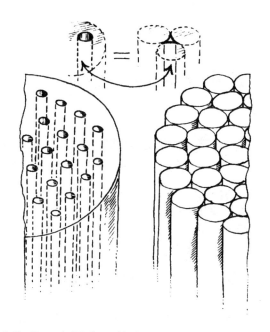

你认为这位发明家提出了什么？

下面是一些暗示：反过来做，我们不在玻璃上钻孔，而是将有孔的东西做成过滤器。拿一些玻璃管，捆扎起来就得到有孔的过滤器。或者拿一些玻璃棍，捆扎在一起，也能得到一个过滤器，其孔为玻璃棍之间的间隙。这种过滤器组合和拆卸起来非常方便。在这个例子中用到两种方法，这个固体的过滤器是由很多小的玻璃管或是玻璃棍捆在一起来组成的。

这就是方法 9：分离和组合。

分离和组合（还有过程和反过程）经常用于解决创造性的问题，当碰到两部分的矛盾时，一些事物应该存在，又不应该存在，有一个针对两部分的关键来解决它。

第 **7** 章 关于系统的一些问题

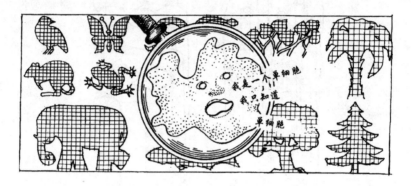

如果变形虫会说话,它会说:"我的单细胞祖先亿万年以前在地球上生活。现在,多细胞生物都是单细胞体的组合。举例来说,木头是细胞的组合,人也是细胞的组合,这说明细胞年代还在继续!"

即使我们对这位单细胞发言人充满尊敬,我们还是要反对它的说法。木头和人有与单细胞不同的特性。虽然木头和人是细胞系统,但已经不是细胞年代了,而是系统年代。

通过发展和复杂化来导致系统的成长是一项宇宙定律。在技术世界,由细胞发展到系统。一辆汽车是一个细胞,汽车工业则是一个系统。一部电话机是一个细胞,电话业是一个系统。

当单个细胞成为系统中的一部分,它的作用要更有效一些,发展得更快一些。同时,细胞又依赖于系统而且不能离开系统而存在。

现代的技术是系统的技术。系统中的细胞是不同的仪器、机器和设备。它们在系统中起作用。所以,20世纪后半叶有人将这种情况称为"技术系统世纪"。

在技术系统中存在着一个严格的从属系统。小汽车中的一只灯泡从属于汽车中的电气系统。小汽车从属于汽车工业这个大系统。这个大系统中有上百万辆汽车、公路、加油站和修理站。每一个技术系统都在其上有一个高级系统而在其下有一个从属系统，在这个系统中的任何变化都影响着其上、下两个系统。技术矛盾的出现是因为有人忘记了这一点：系统中的一部分得到了超过它的高级系统和从属系统的优越性。所以，不仅要考虑这个系统中哪里需要改善，而且必须考虑它的上、下系统需要相应的改善。

问题 19 不用心灵感应的解决办法

一辆新车在高速公路上抛锚了。这个沮丧的司机想给乘客作出解释："运气真不好！车子没有油了。我忘了看油表。"

"这种事经常会发生的。"充满同情心的乘客说，"再说那些仪表从来也没有准确指示过，当油箱空了的时候，指针离零还有一大截。如果油箱能在快空的时候发出一个心灵感应信号就好了。"

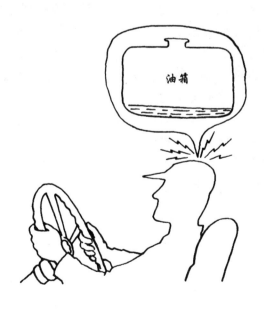

突然，一个发明家诞生了。

"不用心灵感应也能解决这个问题。"他说，"我有办法……"

他提出了什么？

让我们来分析一下：该例子中的汽车是一个高级系统。我们的解决方法不应影响整个系统中的任何部分。这表明汽车的任何部分都不应该改变或重新设计。对于超级系统来说这是很典型的，只要问题不需要系统做重要变化和改变。我们将这一点认为是要求。

从属系统也有其要求。小汽车中油量控制系统（我们的中心系统）包含着四个从属系统：油，油箱，可以发出信号的"X"（"X"——为我们所需要的），以及司机的头脑。我们开始考虑该问题时就发现对司机的头脑作"改动"是不可能的。我们也不能考虑改变汽油，只剩两个从属系统"X"和油箱。

现在，让我们考虑当油箱中没有油的情况下（或几乎没有油的情况下），有一个"X"发出的信号。请记住，油箱只有很简单的要求，它不能改变。所以，结论是"X"应该几乎等同于什么都没有，不然的话油箱或汽车就必须得改变。比如说用X光机会使整个汽车变得更复杂。

到这时对高级系统，系统和从属系统的要求是那么清楚，我们能用准确的数学计算来求出它。一会儿我就要向你表明怎么做了。自己现在先思考一下，这个空的，或几乎空的油箱要给司机的头脑送一个信号。当油箱满时没有信号。只有"X"能帮我们完成这个任务。"X"要很小从而不因为它的出现而要求汽车（高级系统）和油箱（从属系统）有任何改变。

第 8 章　系统的四个阶段

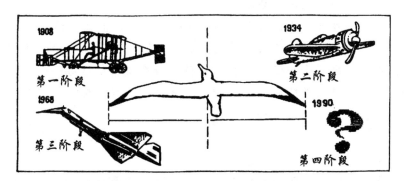

　　每一个新系统都要通过测试。对系统测试的结果进行评判，包括"生命"和"实践"这两项内容。

　　一个非常严格的裁判问：这是什么？啊，一台引擎！让我们看一看它是如何工作的。啊，还不错嘛，我们可以给它打 3 分（5 分制）。这是什么？是一个新的能量转换器吗？是的，这个转换器很好，我们给它 5 分。制动系统在哪里？只有两个按钮？如果工作条件改变了怎么办？发生紧急情况时怎么办？我们只能给这个系统打 2 分。

　　裁判的规则非常简单。只有超过 2 分的系统能通过测试。系统得了多少分无关紧要，只要超过 2 分就行。裁判的主要要求是所有的从属系统即使每个得分都不高，但能一起工作。这看起来可能很奇怪，可是所有当代的系统在它们发展的初期得分都不高。第一批蒸汽船有一个蒸汽机。从引擎到桨轮的传动几乎消耗了所有有效的能量。桨轮本身不能很有效地工作。即使以这种形式，系统也已拥有了相当可观的未来，因为它是一个很好的组合。虽然所有部分工作的效率不高，但它们毕竟在一起工作。

一个技术系统和一个乐队相似。它的效果是所有音乐师合成演奏的效果。所以，发明家的努力应集中于在开始时就找出系统部分最好的组合，这是系统生命中的第一个阶段。一共四个阶段，而且每个阶段有自己的问题和解决问题的方法。

让我们从飞机发展史来学习这几个阶段。

第一阶段：选择系统中的各个部分

飞机的发展是 100 多年以前开始的。发明家很有兴趣确定："什么是一个飞行器？它应该有什么组成部分？它应该有一个带有引擎的翅膀，还是不带引擎的翅膀？应该用什么类型的翅膀——是静止的，还是像鸟翅那样可以伸缩？什么类型的发动机——肌肉的，蒸汽的，电动的还是气动的？"

最后，飞机的方案确定了：翅膀是固定的，引擎是内燃机。

第二阶段：改善各个部分

这一阶段始于改正不良部分，发明家改善系统的不良的部分，寻找较好的形状并找出它们的最佳关系。他们在寻找最好的材料，合适的大小，等等。飞机应该有多少翅膀？应该是三翅、双翅还是单翅？应该设计什么样的螺旋桨？飞机应该有多少齿轮？在第二阶段结束时，飞机看起来已经是我们很熟悉的样子了。

第三阶段：系统的动态化

零件随即失去了自己的特性。以前永久连接的零件改变成活动的连接。人们发明了可伸缩的起落架。现在机翼的外形也可以改变。

第四阶段：系统的自我发展

这一阶段还没有被揭示。我们刚开始看到一些非常原始的第四阶段的尝试——火箭和太空系统。太空飞船在操作过程中能重组自己。它们能自行脱离火箭——在运行轨道上打开太阳能电池板，发送卫星进入轨道。这些只是系统自我发展中的最初步骤，以便使系统适合于环境的变化。所有将来的系统在开初阶段看起来都像是幻想，但当新型的技术物化时，这些幻想就变为真实的了。不管怎么说，当儒勒·凡尔纳写关于太空飞行的故事时，那些都只是幻想。

现在让我们复习一下四个阶段：

（1）选择系统中的各个部分；

（2）改善各个部分；

（3）系统的动态化；

（4）系统的自我发展。

人们有权问："我们知道了这四个阶段后能获得什么呢？"

让我们看一个具体的例子。

很久以前，发明家设计一种仪器测量不同的物体 —— 钢珠、铁钉、螺旋钉，等等。此仪器非常简单：一个输送管和一个双门的钢筒式容器，待测钢珠通过输送器装入钢筒。当上面那层门开启时，钢珠装满整个钢筒，然后上层门就关闭，而底层门则打开放出所有的钢珠。这个仪器称作计量器，可以测量钢珠的体积。每一批钢珠的体积和钢筒两层门之间的体积相等。

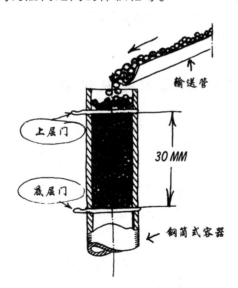

虽然这是一个非常简单的系统，它却是一个具有现实意义的系统。1967年这个系统得到了改善。三个发明家造出了新的电磁门取代机械门并获得了专利权。当上层电磁铁断了电源时，球就会落下来装满两层门之间的空间。我们可以接通上层电磁铁的电源并关闭下层电磁铁的电源，测量过的钢珠就会从计量器中放出来。

现在有一个新的任务：做出一项发明来改善这个计量器。如果没有关于系统发展法则的知识，你将无从下手。这项任务中没有任何地方表明这个电磁计量器不好。我肯定你能很容易地解决这个问题。

这个系统处于发展的第二阶段，下一个发明应该将系统带入第三阶段。

第三阶段是系统的动态化。这意味着固定的磁铁应该是活动的。现在，当我们要改变计量器的容积时，我们只需将上层磁铁在钢筒中上下移动，这个系统就获得了一个新的特性。获得第312810号专利的带有可移动磁铁的计量器，是电磁门问世5年后设计出来的。这个系统实际上可以提前很长时间设计出来，当电磁门出现后它就应该马上被设计出来。5年的时间浪费掉了。这也许不算太大损失，但是还有成千上万诸如此类的例子。

这是方法10：动态化。

问题 20　是双体船又不是双体船

一艘新型蒸汽机船在造船厂码头建成了。

一位老工人说："这是一艘美妙的船。"

"是的，这是一艘美妙的船。"工程师也赞同道，"这艘船的最大优点是它很稳定。它将要驶过不同的水域、河流和海洋。它在河面上航行时比较平稳，但是在海面上……"

突然，发明家诞生了。

"这艘船确实很美妙，没人反对。"发明家说，"但是它还需要改进。它应该是双体船又不是双体船。"

你认为发明家思考的是什么改进？

当你考虑这个问题时，记住"双体船＋窍门"是"水上交通"这个超级系统的分支系统。这就是说你要考虑双体船对这个超级系统各个部分的影响。

现在我们给你提出一个特殊的问题，和其他问题不同。这不是教科书上的问题，而是一项真实的发明任务。不要匆忙得出答案，好好想想，找出一个有趣的答案并加以改善。

问题 21　法则就是法则

玩具公司的总裁召集工程师们开会。他询问道："我们能在不倒翁的基础上发明一种新玩具吗？"

工程师说不倒翁很早就发明出来了，我们还能发现什么新鲜的呢？不倒翁是一个很简单的玩具，它的底部是中空的圆形，里面粘着一块重物。当你想把玩具平放时，它总会立起来左右摇晃一会儿，最后仍然保持直立。

"这个玩具太简单了，"一个年轻的工程师说，"没有什么可增加或减少的。"

总裁说："发明家柴兹塞夫发明了一个新型不倒翁。第 645661 号专利就是为此颁发的。"

工程师们都围过来看这个新玩具。它看起来很像传统的不倒翁，窍门在里面。它内部安装了槽子，重物可以沿着槽子上下运动。所以这个玩具还可以倒立和平躺。

"这是动态化的法则。"总工程师评论道，"机器部件的连接原来是固定的，后来发明家把连接变得灵活了。玩具如同机器，所以对它的改进

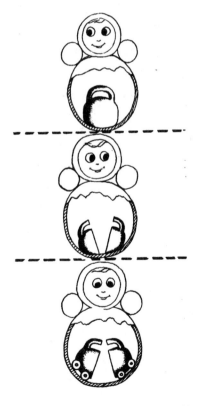

应该遵循同样的法则。我相信会有人发明出将重物分成两半的不倒翁，而且两部分重物都可移动。"

总裁说："已经有人做出来了。这就是发明家克文南柯的第676290 号专利。"他在桌上放了另一个不倒翁。它摇晃时很特别——频率在不断地变化。

"原来如此，"总工程师把它打开后感叹道，"它的重物分成两半并能够像沙子在计时器中那样移动。当沙子在计时器中从一部分流向另一部分时，两部分的重量不断地变化，频率也就不断地改变了。"

"任何新的想法都被其他公司做出来了，"总裁感叹道，"是他们比我们强吗？我们还能想出点新鲜的吗？你们有动态化法则，太好了。让我们发明一个更加动态化的不倒翁吧！"

突然，发明家诞生了。

"法则就是法则。"他说，"这个玩具可以更加动态化，我想提出……"

你能提出建议吗？

第 **9** 章　从物—场到磁性物—场

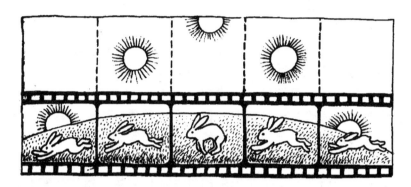

　　现在我们提出一个更难一些的问题。你已经看到一个问题之所以难，只是因为我们不了解技术系统发展的法则。

问题 22　通用田地

　　在一个农业机械制造厂，有一小块篱笆围着的田地用来测试设备的性能。有一次，这家工厂得到为许多不同的国家制造农业机械的订单。这些国家的土壤不同。工厂发现为了测试机器需要很多不同类型的土壤。

　　"我们需要 140 种不同的田地"，厂长对到会的工程师们说，"我们怎样才能得到这么多田地呢？"

　　"这将需要一大笔钱，"总会计师随后说，"这不行，弄出 140 块地是不现实的！这种情形毫无希望。"

　　突然，一个发明家诞生了。

　　"没有毫无希望的情况，"他说，"我们可以制造一块通用田地，这块通用田地可替代 140 块田地。我们只需要……"

你认为我们需要什么?

下面是详细的解释。

我希望你不要提出以下任何一个解决的方案。

（1）将一大块地分成 140 块。工厂的地没有这么大。

（2）将机器运往不同国家进行测试。每台机器都必须测试很多次，如果运往不同国家费用会非常巨大。

（3）像马戏团所做的那样改变田地（140 块可移动的田地）。

（4）将土壤冰冻和解冻（这太慢了）。

（5）运来不同类型的土（太慢也太贵）。

这些主意会改善一种情况，但使另一种情况更糟。我们需要克服技术上的矛盾，以便改变土壤的质量而同时又不能使之太复杂、太昂贵或加大田地的规模。

让我们来研究一下这个任务的条件，什么是已给的条件? 土壤是一种物质，我们用 S_1 来表示。有必要学会利用一些场力来控制 S_1。让我们用 F 表示场力。现在我们可以画一个图:

共有 6 种基本的场:

（1）重力场: F_{GR}

（2）电磁场: F_E/F_{MG}

（3）弱作用核场: F_{NW}

（4）强作用核场: F_{NS}

（5）机械场: F_M

（6）热场: F_T

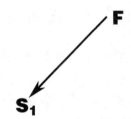

我们不去考虑核场。我们需要的是非常简单的解决办法。我们也不去考虑重力场，因为我们还没学会如何控制它。

剩下三种场 —— 电磁场、机械场和热场。现在我们可以理解这项任务的困难，土壤不对电磁场的作用起反应，对机械场和热场的作用也很难起反应。

我们可以清楚地看到一对物理矛盾。场 F 应该作用于物质 S_1

（土壤）——这就是具体的问题——但是场 F 不能作用于 S₁，因为我们用的场 F 不具备对 S₁ 起作用的性能。这种类型的矛盾会在很多种任务中发现。有一个典型的方法可以用来解决这种矛盾。如果场 F 不可能直接作用于 S₁，那么要运用一个间接的方法。通过场 F 作用于另一物质 S₂ 来对 S₁ 起作用。

这里存在一种作用（间接的），又不存在一种作用（直接的）。

设想我们决定用磁场。S₂ 应该是哪种物质？答案是很

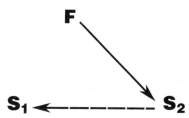

明显的。应该用一种有磁性的物质。举例来说，铁粉将是一种很好的物质，因为它能够很容易地和土壤（S₁）相混合。磁化了的物质互相吸引。磁场越强，吸引力就越大。加了磁性粉的土壤混合物在强磁场中可以像花岗岩那样坚硬。同样的混合物在弱磁场下会像沙子一样松软。

因此，如果铁粉和某种物质混合，一个磁场就可以很容易地控制这个物质的性能——收缩，伸展，弯曲……

这是方法 11：在物质中加入磁粉并用磁场控制。

这种结合非常有效。以下是一些例子：

油轮有时会渗油而污染海洋。这种情况出现时要缴很重的罚款。问题是要证明海面上的油是属于哪艘油轮的。最近，一个非常聪明的办法被提出了。装油过程中在油中添加很少量的磁性物质（不同油船加的物质有不

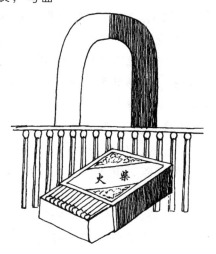

同的特点）。当海岸巡逻队在海面发现油渍时就取样分析。磁性物质就会表明这些油来自哪艘油轮。

另一例：在制造木屑板的过程中，将细长的木屑顺着板的长度排放是理想的结果，因为这样会提高板子的强度。怎样达到这种效果呢？不可能用手来摆放每一粒木屑。一位发明家建议用磁粉。磁粉粘在每粒木屑上，用磁铁就可将木屑按需要排列。

也可以把磁粉粘到棉花纤维上，这样会简化纺纱过程。稍后磁粉可以被洗掉而不影响纤维的质量。

再一个例子：如果在做火柴头的混合物中加一点磁粉，我们就可以得到易于包装的磁性火柴。

总的来说任何物体上加入磁粉都会易于其包装过程的自动化。

下一问题对你来说会非常容易。严格地说，这个问题并不比"测试机器"那个问题容易。但由于有了新知识，你应毫不费力地解决这个问题。

问题 23 等着，兔子，我来抓住你

要制作卡通电影，必须要画成千上万幅画。每码电影胶片都要画 52 幅画。10 分钟的电影中就有 15 000 幅以上的画面！某电影制片厂决定制作一部卡通电影，下面是他们的做法。一位画家在平面上设计了一幅带有绳子的彩色图画。摄影师照一张相，画家移动一下绳子，摄影师再照一张相，这样连续做下去。移动绳子比画一幅新的图画要容易。

"这太慢了。"摄影师说。

"是的，你说得对，这是很慢。"画家边调整绳子边说，"要想做出兔子跑过屏幕的影片，我们要工作一天。"

突然，发明家诞生了。

"等着，兔子，我来抓住你。"他有把握地说。

你认为这位发明家提出了什么？

包含一种物质、一种磁粉和一个磁场的系统被称为磁性物—场。一个磁性物—场可以和其他场再组合在一起。你还记得问题 15 顽固的弹簧吗？你也许已经想出弹簧应该"藏"在冰里。解决这个问题的系统应该由一个热力场（F_T）、弹簧（S_1）和冰（S_2）所组成。

在这个典型问题中要想对弹簧进行直接控制是不实际的。对弹簧的最佳控制是用冰（最好是干冰，因为它加热时不会变成水）。

在问题 9 中，对液滴的扩大，只有一种物质是已知的 —— 液滴。我们可以立即说："解决这个问题我们需要另一物质和一个场。为简化这件任务，我们可以向该液体增加磁粉，用磁性物—场来控制磁粉黏附于液滴的过程。"

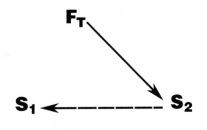

如果问题的具体要求不允许我们增加一种新的物质呢？

那么，我们就有了一对矛盾：这第三种物质应该存在，又不应该存在。在这个问题中，我们将把液体流分为两部分，一部分充上正电，另一部分充上负电，矛盾就被解决了。我们只有一种物质，没有增加物质，但在同时我们又有两种不同的物质（带正电的 S_1 和带负电的 S_2）。这个系统由两种物质和一个场构成，问题解决了。带有正、负电的液滴会黏在一起，很容易通过增加或减少对液滴的充电强度来对该系统进行控制。

由其他场（不仅是磁场）组成的系统，被有条件地称为物—场（由"物质 S"和"场"组成）。这样磁性物—场是物—场家族中的一员，就像直角三角形是三角形大家族中的一员一样。我并不是偶然地将三角形和物—场相提并论。引入物—场在创造性解决问题的理论中起着举足轻重的作用，它的价值就如同三角形在数学中的价值。三角形是最基本的几何形状，任何复杂的几何图形都可以分解成简单的三角形。如果我们学会用物—场解决简单的问题，我们就能解决更多的更复杂的技术问题。

第 **10** 章　*物—场分析的步骤*

物—场结构可以和化学结构式相比。举例来说，下面是描述问题 22 的解决方法的"反应式"。波浪状的箭头表示"不满意的作用"，双线箭头表示"转换成另一个系统"，虚线箭头表示"引出一项作用"，实线箭头表示场力。

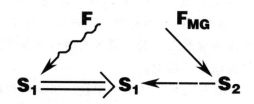

物—场的构建和转换是创造性解决问题理论的一大组成部分，被称作"物—场分析"。

目前只了解一些简单的法则就足够了。

法则 1：要解决只有部分物—场的问题，必须建立完全的物—场。这是方法 12：物—场分析。

我们现在返回去看问题 19 油箱问题。有一个物质 S_1（空的油箱）不知道如何发出信号来表明自己的状态。运用法则 1，我们能很容易地画出解决这个问题的图：

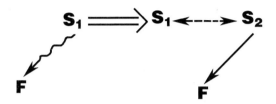

作用于物质的场画在线的上方。由物质而产生的场画在线的下方。

因此，在物—场图中这个问题被解决了。剩下来的是确定 S_2 和 F。在此题中的场是作用于司机的头脑。这意味着它可以是电磁的、视觉的、机械的、声音的或热能的。视觉场不大方便，因为附加的视觉信号会分散司机的注意力。用热能信号更不方便。用声音信号怎样？现在我们已理解了 S_2 的作用。

这个物质当油箱空了的时候，应该和油箱起作用而产生声响信号。问题解决了，让我们在油箱里放上一个浮标。当油箱充满油时，浮标不出声地漂浮。应该把浮标的周围包上软的东西以免在碰着油箱壁时发出声音。

一旦油箱空了，或快空了的时候，浮标就会沉到油箱底部并发出可以让司机听到的声音。这个物—场系统可以画为下面的菱形图：

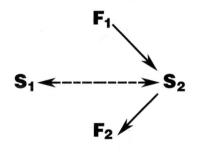

这个物—场也可画为更精确的图：

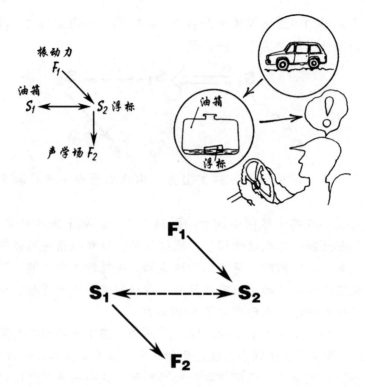

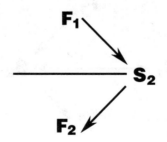

其中力学（机械）场 F_1 的振动能量作用于浮标 S_2，浮标 S_2 又作用于油箱 S_1，感应这种作用，声学场 F_2 由此产生了。

很多在测量、搜寻方面寻求解决答案的问题都可以通过对物质 S_1 加上特殊的物—场附加物而得到解决。

这就如同化学组合 COOH 在有机酸结构式中"附加到"酸根 R 上。

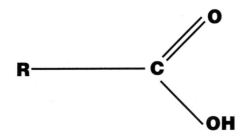

R 可以不同，但是每一种有机酸，据我们所知都包含有一组 COOH。

法则 2：如果在一个具体的问题中出现了一个没有价值的物—场，有必要引进 S₁、S₂ 之间的 S₃，以便改善整个系统。这个 S_3 可以是 S_1 或 S_2 的变体。如下图所示：

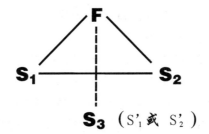

这种物—场可以用不同方法分为：

（1）改变 F、S_1 或 S_2；

（2）去掉 F、S_1 或 S_2；

（3）引入第二个场 F_2 或物质 S_3。

要解决这个问题引入 S_3 比较容易。如果任务的条件不允许就会产生一对矛盾：有必要引入物质 S_3，但是情形不许可这么做。下面是迂回解决这个问题的办法。**这第三种物质 S_3 应该是已知的 S_1 或 S_2 的变体。**这样这对矛盾就消除了。有一个物质 S_3，又没有物质 S_3。

让我们用一个例子来解释这项法则。

很多发电厂都是用煤来发电的。煤由轨道车运进钢筋混凝土筒仓。筒仓中有一个螺旋输送器，它和老式绞肉机相似。这种输送器并不用来弄碎煤块而只是将其送往生产线，接着煤就顺着倾斜的管道往下运行到球磨机。这是一个里面有很多大钢球的旋转钢筒。球磨机将煤碾成颗粒和粉末。一束高速气流将粉碎的煤粉带到分离器中，磨好的煤粉从这里进入发电厂的锅炉，剩余的返回再进行下一轮粉碎。

只要进入这个系统的是干煤，整个系统的工作状态良好。但是常常有湿煤进入系统而引起一连串的问题。湿煤粘在输送器的螺旋部分，粘在管道壁上，粘在粉碎机的入口和颈部。稍后，多余的水分变干了，但在这之前湿煤已造成了很多麻烦。

不同国家的发明家都想攻克湿煤这道难关。他们把煤弄干，改变管道形状，甚至振动管道。煤粉是非常危险的物质。在实验时，它会自燃，会着火或发生爆炸。

后来，美国人发明了一种新型的管道材料——聚四氟乙烯。虽然这种材料很贵，但看起来这个问题可以解决了。可是没过多久，人们就发现聚四氟乙烯在这种条件下很快就被磨坏了。

"湿煤沾在管道壁上"这句话在物—场分析语言中是这样的："已知有一个无用的物—场——两种物质（S_1，S_2），一个力学场。"聚四氟乙烯（S_3）是一个完全生疏的物质。法则被破坏了。你可能已经想到了 S_3 不应该是聚四氟乙烯，而应该是管道金属的变体或是湿煤的变体。湿煤 S_1 被改变时可以变为干煤。这意味着 S_3 的角色应该由干煤来扮演。只要在管道壁和湿煤之间有一层薄薄的干煤，就可立即避免湿煤粘上管道。当一位厨师切了生肉片要烹饪时，他撒一些面包渣在上面以防止粘锅。厨师在毫无所知的情况运用了物—场分析。

把一些干煤输向螺旋输送器。这是最简单的改变，但这问题迎刃而解了！

请注意关于液滴和湿煤的问题有一些相似之处，但是在第一个问题中我们要构建一个物—场,在第二个问题中我们要破坏物—场。

在两个问题中都要引入一个新的物质,但同时又不可能或很难引入一个新的物质。这对矛盾可以通过利用已经存在的 S_2 来改变它,使它成为 S_3 来解决问题。

一个自相矛盾的情形出现了:没有新的物质(我们利用了已经存在的物质),又有新的物质(我们改变了存在的物质)。

传统的思考运用简单的逻辑:"是"意味着"是","不"意味着"不"。"黑"是"黑","白"是"白"等。

创造性解决问题的理论发展了基于辩证逻辑的另外的思考方法:"是"和"不"可以同时存在。**"是"可以是"不","黑"可以是"白"。**

```
NONO        NONO        NONONONONO        NONO
NONO        NONO        NONONONONO      NONONONONO
  NONO      NONO        NONO          NONO        NONO
  NONO      NONO        NONO          NONO
    NONONONO            NONONONONO      NONON
      NONONON           NONONONONO      NONONO
      NONONO            NONO              NONONO
        NONON           NONO              NONONO
        NONO            NONO          NONO        NONO
    NONONONONO          NONONONONO      NONONONONO
    NONONONONO          NONONONONO        NONO
```

第**11**章　自己试一试

让我们来回忆一下到这部分之前已学过的一些方法：

方法 6：在时间或空间上分离互相冲突的要求。

方法 7：所有特殊的术语都必须用最简单的词来代替。

方法 8：将相似的或不同的物体组合到一个系统中。

方法 9：分离和组合。

方法 10：动态化。

方法 11：在物质中加入磁粉并用磁场控制。

方法 12：物一场分析。

现在让我们来做一些练习。

以下是一些问题。请记住在解决问题的过程中你应该运用所学到的方法和法则。你必须放弃只凭经验盲目地寻找答案的习惯。

问题 24　不管有什么风暴

在离海滩不远的海面上，有一艘挖泥船在工作。它在为大轮船清理航道。从海底挖出的土混合着海水被抽到 5 公里长的管道里。这些长串的管道在挖泥船后面随着海浪起伏。一些浮桶使这些管道漂浮。

"天气预报说有一场暴风雨即将来临。"这一班的工头说，"我们要停止工作，将管道分开并带回港口。暴风雨过后我们再把管道带回安好。我们要停工 1 天来做这些。"

"我们能怎么办？"机械师说，"如果暴风雨将管道弄毁，情况将更糟糕。"

突然，一个发明家诞生了。

"不管有什么样的暴风雨我们都可以继续工作。"他说，"应该将管道浮桶系统……"

他在谈论什么样的系统？怎么让它工作？

问题 25　卡尔森的螺旋桨

某大玩具店的经理来到一个玩具厂对总工程师说："我们的顾客想要一种叫作卡尔森的飞行娃娃，但是我们玩具店没有。每天我们都看到含着眼泪离开的孩子。你们能帮帮忙吗？"

"我们有两个叫做卡尔森的玩具样品。"总工程师说，"请过来看一下。"

　　一个样品看来像是正宗卡尔森玩具的逼真复制品，但它不能飞。另外一个有比卡尔森娃娃大很多的螺旋桨。这个玩具不能站 —— 但它能够像个玩具直升机一样飞行。

　　"太糟糕了！"玩具店经理说，"一个玩具看起来像卡尔森但不会飞；另一个会飞但看起来不像卡尔森，它看起来像一个大风车。"

　　"这里有一对技术矛盾。"工程师伸着胳膊说，"把螺旋桨改小也解决不了问题 —— 因为小的螺旋桨不能产生足够的动力让卡尔森飞行，但我们保持大的螺旋桨就会破坏玩具的外观，而且它自己也不能站立，我真的不知该如何是好。"

　　突然，发明家诞生了。

　　"让我们从分析物理矛盾入手。"他说，"螺旋应该大一些，又不应该大一些，事情已经清楚了，我们应该运用方法……"

　　他在谈论什么方法？他又怎么运用？

问题 26　上万座金字塔

　　在一个研究实验室，人们在设计一个能够研磨物体表面的钻石工具，试制很成功，但是很难投入生产。这种宝石颗粒非常小而且是金字塔形，必须用手将这些钻石颗粒摆在工具的表面以便使它们全都尖朝上。

"上万座小金字塔全用手摆放，"沮丧的工人们说，"为什么不能有人想出一个机械化的方法来做这件工作呢？"

"我们已经试过了，"实验室的主管说，"但没有想出好的办法。"

突然，发明家诞生了。

"这是一个非常美妙的问题，"他说，"我们要回忆那些方法。"

我们必须回忆哪些方法？怎样才能使摆放宝石的过程机械化？

问题 27 一台几乎完美的机器

农机展销会上，一个工程师在展示一台水果包装机。

在这台包装机发明之前，水果都是手工装进纸箱的，现在可以用机器来做。包装机将纸箱放在桌子上，水果从一个通道滚到箱子里，一台电动机振动着桌子使水果妥善装好。这是一台完美的机器，只是有一点小问题，当水果在箱子中互相碰撞时会引起损伤。

"能不能将水果滚下来的通道降低一些呢？"一个参观者问道。

"是的，这是可能的。"工程师说，"问题是在包装的过程中你要抬高通道，这就意味着我们要用一个自动化系统来控制它，这台机器就会变得更复杂。降低纸箱会更复杂……"

突然，发明家诞生了。

"一个苹果撞击另一个苹果，"他说，"这是消除物–场的任务，比如……"

接着他解释了如何改进以便使最脆弱的水果落入箱子时都不会被撞伤。

你能提出什么？

问题 28 独一无二的喷水池

一个城镇决定建一个喷水池，举行了招标并成立一个委员会审定建筑设计师提交的设计方案。

"没有任何激动人心之处，所有的设计都是已建造过的。"委员沮丧地说，"我们想要一个世界上独一无二的喷水池。"

"你能想出一个更好一点的方案吗？"委员会一成员问，"很长时间以来人们都在建喷水池，原理都是一样的 —— 水流喷出来互相交错。在某个方案中建筑设计师提出在喷水池中加上灯光，但这已不是新鲜的了。有带有灯光、色彩和音乐的喷水池。"

突然，一个发明家诞生了。

"我将提出一个没有任何人建过的喷水池，它将成为最漂亮、最令人惊奇的景观！"

试想这位发明家提出了什么，你也许可以继续发展他的想法而提出更新的发明。

第 **3** 部分

发明的科学

第12章　窍门和物理

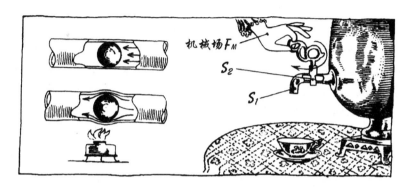

到现在为止，你已经读了本书的三分之一，让我们总结一下你迄今为止所学的一切。很久以前——直至现在的大多数情况下，发明是通过错误尝试法而解决的，但是这种方法通常不很有效。它要用很长时间、很多精力和资源。发明经常在几年以后才做出。

科技革命要求一种全新的方法来解决技术问题。**TRIZ——创造性解决问题的理论**就是为达到这个目的而创立的。这种理论教会我们不用空洞的、传统的方法解决问题，下面就是最基本的思想：技术系统的进化，如同任何其他系统，服从于进化的普遍法则。了解这些法则使你能发展一些方法和工具来完成发明任务。

你已经学习了三组方法：

（1）各种窍门（例如，**提前来做**）；

（2）基于利用物理现象和效果的方法（例如，**改变物质的物理状态**）；

（3）包含窍门和物理的复杂方法（例如，**构建一个物一场**）。

在解决问题的过程中，人们经常先用窍门，然后用物理知识，运用这两种方法来完成。所以，创造性理论中最重要的方面就是在解决问题的过程中运用物理学知识。

让我们看一看窍门和物理的组合是如何工作的。

问题 29 它会永远工作

在某一家工厂，一个机器人经常损坏不能工作。这是一个很好的机器人，只是其中一个简单零件总出毛病。这是一个弯曲的管道，管道中用高速压缩空气运送钢珠。在管道拐弯处，钢珠总是撞击管道壁。每次钢珠撞击管道壁时就会击落一小片金属。工作一两个小时后，管道的这一部分就损坏了，厚厚的管道壁上出现一个洞。

"让我们安装两套管道。"主管说，"当一套工作时，我们就有时间修补另一套。"

突然，发明家诞生了。

"总在修补管道有什么好处？"他叫道，"我有一个很合适的主意，我保证机器能永远工作。"

他只用 5 分钟就说明了他的想法。他提出了什么？

让我们来做一次物—场分析。

有一个物质 S_1（钢珠）和另一物质 S_2（管道壁）相互起机械作用，所以存在一个无用的（甚至有害的）物—场。该厂有人尝试了通过引入第三种物质（S_3）—— 不同的内壁 —— 来消除这个物—场。这是一个错误的途径。正确的途径是用第三种物质来保护管道使它不致受到钢珠的破坏。这种物质可以是同样的钢珠安放在管道内层的拐弯处。

在本题中的管道壁由一层钢珠保护起来，高速运动的钢珠可能会从保护层上击掉一两只钢珠，但是它们会被另外的钢珠替补上去。这就是这个窍门的精髓。**这是方法 13：自我服务。**

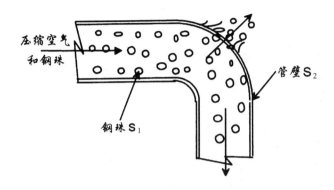

压缩空气和钢珠

钢珠 S_1

管壁 S_2

现在我们要了解一些如何运用自我服务的物理法则。为了建成这层钢珠保护层，我们需要利用磁铁，我们在管道拐弯处的外面放上磁铁。管道内流动的一些钢珠一接近磁力区就会吸附在管道壁上。这个问题就解决了！我们应该提到，一种用来强化钢表面的喷枪发明于第 261207 号磁性保护专利发布的 25 年以前。每个人都看到了这个问题，但是他们用和发明性理论相反的方法来解决，像用另一套管道，或用更强更硬的钢材做这一段管道壁。

问题 30　超精确阀门

化学实验室的主任邀请了一位发明家并对他说："我们需要控制通过这个金属管的天然气流量，金属管连接着两个容器，气流是由抛光的玻璃组成的阀门进行控制。可这种阀门不能够保证所要求的天然气流量 —— 很难调整天然气通过的多少。"

"当然了，"发明家说，"这就像俄国茶炊上的阀门。"

化学家的反应和举止像是没有听到发明家在说什么。

"我们能够，"他继续说，"安装上一段胶管和夹子。但即使如此我们也得不到所要求的精确度。"

"夹子，"发明家笑道，"衣服夹……"

化学家突然冒火了。"我们这样子工作了数百年，想找出一个阀门像夹子一样简单，但是能提供 10 倍以上的精确度！"

突然，一个发明家诞生了。

"这需要动一下脑筋并运用高中的物理知识。我们要做的是……"发明家提出了什么？

对一个了解 TRIZ 理论的人来说，这个阀门是一个典型的物—场系统。阀门体是 S_1，旋杆是 S_2，机械场是 F_M。机械场 F_M 移动 S_2 从而使 S_1 和 S_2 之间的间隙变大或变小，物—场已经存在，但工作得不令人满意。这说明我们要用另一场 F 构建另一个物—场，我们能用什么种类的场 —— 电、磁、电磁或热力场？

技巧到此结束，下面开始运用物理知识。在物理书上有一章讲到物质的受热膨胀，这就是我们在寻找的：改变 S_1、S_2 之间的间隙。**这是方法 14：热膨胀。**

让我们打开物理书，实验的描述如下："不能通过冷铁环的球可以通过一个加热的同样的环。"下面是球和环的图，这就是我们阀门的模型。

让我们将这个答案和第 179489 号专利比较一下，一个控制天然气流量的装置由一个阀门和阀门内部的杆组成。要想将天然气流量控制到最大的精确度，阀门体要选用高膨胀系数的材料；内杆要选用低膨胀系数的材料。你也许已经想出了阀门是如何工作的。阀门一受热，阀门体比内杆膨胀得大，在阀门体和内杆之间产生空隙。加热越多，空隙就越大。这项发明的意义在于它用一个晶体结构来做阀门的部件而不是靠机械运动的部件来完成任务。

顺便说一下，晶格的膨胀和收缩不仅只是通过热力场来实现。比如说，一些石英晶体、酒石酸钾钠和电石会在电场中改变他们的晶格，这可以在高中物理书中找到。这种现象称作"反压电效应"。你可以想到同样的效应并用来设计一个微型阀门。还有另一个相似的效应 ——"磁致伸缩"。一个磁场可以使某些金属材料膨胀或收缩。这是阀门问题的又一种解决方法。

问题 31　让我们放眼未来

如果一个人想要利用快用完的牙膏管中剩余的牙膏，他会将牙膏管放在一个平板上，用铅笔把剩余的牙膏挤出，这和压缩泵中所用的原理是一样的，滚柱在泵壁上压着软管，并在泵壁上移动，把液体或膏状物从管中挤出。

"我们制造 20 种这类泵，"总工程师对他的助手说，"下月我们要把另外三种投放市场。原理上所有的泵都是一样的，虽然它们的大小不同，功能不同。难道将来的泵永远是这样的吗？"

"也许它们不会变化，"助手说，"原理是一样的，不是吗？"

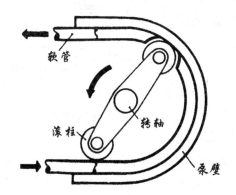

这时诞生了一些发明家 ——3 位。

"当然会有新型的泵。"第一位发明家确定说。

"原理可以保存着，但作用可以转换到微型水平。"第二位发明家说。

"运用物理效应，"第三位发明家说，"我们将设计出三种压缩泵。"

发明家们开始打开他们的设计图。应该用哪种物理效应？你对这些泵如何工作有何看法？

第**13**章　如何解决还不存在的问题

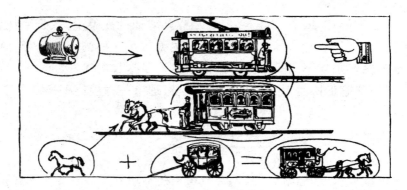

　　从"宏观"的"金属零件"的运动转换到分子和原子的精细运动是技术进化的另一原理。所以用来解决很多问题的是**方法 15：从宏观结构转换到微观结构**。

　　第 438327 号专利是说明这个方法的例子。在这项专利中振动陀螺仪是由外部交变电场引起振动，以电子或离子作振动体。

　　传统的振动陀螺仪需要安装重物。上述发明的原理是用电子或离子代替重物。这样的陀螺仪只需要很小的空间并能更精确地工作。

　　在前一章，你已经读到技术系统发展的四个阶段。你可能已经问过自己："好了，系统已经经历了四个阶段，下一个是什么？"

　　我们已经谈到了两种可能性。当一个系统达到自己的极限时，它就**加入另一系统，而一个新的、更复杂的系统就出现了**。这样，发展就持续下去。举例来说，自行车和内燃机相结合就发展为摩托车。当一个新系统转化出来时，发展就持续下去。

　　有时通往组合的道路是封闭的。有必要组合系统但又不可能组合。这种矛盾可以由**打破现存系统，重新将其中的部分组合成一个**

新系统来解决。

如果不可能组合也不可能打破系统又如何呢？设想我们有一项任务需要增强弹簧的强度，但又不能增加任何东西，也不能把它弄断。还要考虑到已选用了最合适的材料，改变材料没有任何意义。

这个情形看来毫无希望。什么都不能改变。怎么才能转变到一个新系统呢？我们有一个解决方案！新的系统隐藏于旧系统之中，我们通常将弹簧看做是一卷钢丝，但是其中有一个完整的粒子世界。一个巨大的系统存在着——或不存在——因为我们不常用它。让我们给弹簧加上磁性使它在每一圈之上都产生一个同性磁极。同性磁极互相排斥，所以压缩弹簧就需要更大的力，这个问题就解决了。弹簧看起来什么都没有改变。我们什么都没有增加，什么也没有打破。

结论：系统发展中有**两个方面**看来像是用尽了发展过程中的资源。

第一个方面是已存在系统和另一系统的联合，或者是分离从属系统以形成新系统的重新组合。

第二个方面是从宏观结构转换到微观结构，从而使系统内部世界——分子与原子——参与反应。

这里我向你介绍一下第 489662 号专利：这是一个涂聚合粉的装置，这个装置由一个舱和一个电极组成。为了提高涂粉层的质量，电极上有一个微型螺旋桨使电极能够运行。原来，电极和舱是固定的连接。发明家提出将电极做成可移动的。**这是系统的发展从它的第二阶段到第三阶段的转换**。你已经了解这些转换。

对技术系统的进化法则熟悉以后，我们可以预言系统将来的发展。这意味着现在系统应该由**第三阶段走向第四阶段**。它不仅是可调整的，而且应该是可以自我调整的。电极应该相对于外部环境而调整自己的运动。**系统的最后转换是当控制进行在微观水平上的时候**。这意味着不用一个螺旋桨来调整电极的位置，而是应该用一个热力场，或压电效应，或磁控效应。

记住我们在调查对还没有出现的问题的解决方法。几年后，生活会要求在此过程中有不断增加的准确性。当运用"错误尝试"方法时对问题的答案通常发现得很晚。创造性理论改变了这个状态——我们理解了技术系统进化的逻辑，而且能够预见新问题的出现，提前知道这些问题应该如何解决。

第**14**章 电晕放电的"皇冠"效应

圣艾尔姆号之光

在物理书上,现象和效应描述非常"中性",所有物质受热都会膨胀。仅此而已。同样的现象用发明性的方式会怎么描述呢?举例来说:**当物体受热时就会膨胀,所以当我们需要控制非常小和非常精确的运动时就可以利用这一现象。**如果我们重写物理书,我们就会得到一个非常强有力的工具,一个物理现象和效应的目录。

让我们拿高中物理书上"电晕放电"现象的描述作例子。你可以在正常气压下的不均匀电场中观察到这种现象。这种放电发出"皇冠"形状的光,所以被称作电晕放电。导体表面的电荷密度和导体的弯曲程度相关 —— 越弯曲,电荷的密度就越大。最大的电荷密度位于导体的尖角处,这里产生最强的电场。当电场电压超过 3×10^6 伏/米,放电就产生了。

在这种条件下并在正常气压中就会产生电离,放电电压随着和导体距离的增加而减少,所以电离和发光现象在空间上是受限制的。因为电晕放电的电压很高,我们操作时要非常小心。细导体和导体外表面的凸起处可能产生"电晕放电"。

这样，"电晕"的出现依赖于气体成分和导体周围的气压。

这是方法 16：电晕放电效应。

电晕放电会帮助我们解决问题 1，测量灯泡内部的气压问题。如果我们在电灯泡灯口加上高电压，就会产生电晕放电。"皇冠"的亮度依赖于灯泡内部的气压。

让我们再回到课本。电晕放电产生离子气体。如果粉末、灰尘、小颗粒在气体中出现，离子就会粘上它们。所以，电晕放电会给这些固体或液体物质充电。现在，很容易控制这些粒子。"电晕"可用来从气体中清除灰尘，驱散气流中悬浮的颗粒，运送不同粉末和检查气体中有无附加物等。

产生充电粒子是"电晕放电"的主要效应，如你所见，最简单的物理现象中隐藏着最丰富的发明潜力。

第 **15** 章　老板在想什么

　　到目前为止我们在讨论任何初中生—高中生都了解的简单的物理效应。但是，还有更多复杂的物理知识 —— 大学生学的物理知识。了解大学物理会给发明家更强有力的工具。

　　这次，我们要研究一个问题，只用物理的初级知识就可以解决。稍后我将讲解如果我们用一点大学物理知识可以解决什么。

问题 32　高压电线上的冰

　　那是很漂亮的景色 —— 电线上覆盖着柔软的雪。对电工来说，这种美景并不能使他们激动。雪融化时，就结成冰。冰层越来越厚，电线就会被压弯，并在冰的重压下断掉。在一个北方城镇有一个发电厂，这个发电厂离城镇 100 千米远。冬天给电线加热是常用的处理手段。他们给电线通上很强的电流，给电线加热，电线上的冰就融化了，但在这时，所有用户的电都要断掉。这是一个很冷的冬天，厂长开始发愁电线上沉重的冰。他发出指示增加给电线加热的次数，这意味着顾客断电的次数也得增多。于是工厂停产，居民区停电，用户怨声载道。厂长又决定减少为电线加热的次数。电线开始断裂，城镇停电的时间更长。

"我们该怎么办？"厂长看着日历发愁，"寒冬还有长长的几个月呢。"

这是一对技术矛盾。如果给电线加热次数增多，顾客会抱怨；如果减少加热次数，电线断裂的机会会增多，这真是一场噩梦。

突然，发明家诞生了。

"让我们打开中学物理课本，"他说，"我们需要构建一个物—场的草图，然后运用电磁感应。"

为什么发明家提醒我们构建物—场？我们如何运用电磁感应？

现有一条电线（物质 S_1）和一股电流（场 F_E）。目的是不想让电线上出现冰。这说明我们只有物质和场。为了构建物—场，我们要引入第二种物质 S_2。这第二种物质在正常电流下就会自我加热同时给电线加热。这里的窍门是什么？由低电阻材料制成的电线在现存电流下不能自行加热，由高电阻材料制成的电线能够自行加热，但用户就不能正常用电。这是一对物理矛盾。电线的电阻应该高又不应该高，发明家提出加入第二种物质。电线还是原来的电线，只是每 5 米安上一个铁氧体环。这种环有很高的电阻。环内由于电磁感应产生电流而很快加热并为电线加热。

这项专利是基于以上原理发布的，但是这个问题可以由学过物—场分析基础的中学生解决。看起来这个问题已经解决了，得到了一个很好的答案。但是铁氧体环会长年累月地为电线加热，你可以想象会浪费多少能量。即使是冬天，也不需要为所有电线加热，只有低于 0 ℃ 处的电线需要加热。这又引出一个新任务：如何使铁氧体环在气温低时通电而在气温高时断电？

为了解决这个问题，我们应该了解铁氧体只有在特定温度之下才有铁磁性，这个温度称作居里点，不同的铁磁体材料有不同的居里点。如果使用居里点在 0 ℃ 左右的铁磁体，这些环就只有在气温低于 0 ℃ 时通电并在高于 0 ℃ 时断电。

在居里点上下磁性的消失和出现，可以用来解决很多发明性的问题，请记住这个非常有趣的物理现象。

这是方法 17：利用铁磁性材料的居里点。

第 16 章　博大的物理科学

　　安里·格里乔，精神医院的一个病人，处于创造性的心境。他想发明在 200 ℃ 温度下都不融化的固体水，下面就是事情的经过。

　　在波兰作家史蒂芬·万菲各的幻想小说《疯子》一书中，格里乔做出了一些白色的粉末。在高温下，这些粉末变为清澈的水。

　　这个故事发表于 1964 年。3 年以后，在 1967 年固体水被发明出来了。这种水包含 90% 的水和 10% 的硅酸。固体水看起来像白粉。

　　有人可能会问："为什么我们需要固体水？"

　　让我们看一看格里乔是怎么说的：

　　"我的发明允许我们在其他自然资源丰富但水源缺乏的地区建造工厂。如果今天水是用水箱运送的，明天的水可以由纸袋运送。贸易上会发生什么变化呢？所有过去盛水用的金属的、玻璃的、陶瓷的器皿都会完全消失。液体会成为粉末状固体。"

　　"有成千上万种方式运送固体水。这在我们的日常生活中会引起技术革命。用液态水会像用劈柴做光源一样令人感到奇怪。"

　　科学家想要研究出只含 2%～3% 硅酸的固体水。物理书上还没有谈及这个问题。物理学发展很快，总是有新的现象和效应被发现。你可以设想对发明家来说了解最新的发展是多么重要。

下面是一个典型的故事。当一组科学家在尝试造出固体水的时候，另一组科学家想使水更加液体化。1948 年，英国科学家 B.P.托马斯发现了一个非常令人吃惊的物理效应。水在管道中的摩擦可以通过用很少量聚合物而减少。由于快速流动的水形成的涡流通常会产生摩擦，聚合物的长分子结构在水中形成顺水流的位置，减少涡流，使水变得更滑溜。

托马斯的发现结果发表后不久，就有很多运用该效应的发明问世。托马斯效应帮助增加轮船的速度，在用管道输送不同液体的过程中降低能量消耗，增加消防龙头的喷水距离等。最近，莫斯科大学的发明家提出在溜冰场的冰中增加聚合物。感谢这项发明，冰刀下的高压使冰更容易融化，在水中加入的聚合物能减少滑冰时的摩擦。

我们可以给出很多类似的例子，发明家需要深入了解物理科学——成千上万的效应，你可以说没有哪个物理学家了解所有的物理现象，也没有必要让一个发明家比物理学家了解得更多。答案在于编一本参考书，内容包括让发明家运用的物理现象和效应，它会和"电晕放电"相似，但是描述应该更完整，更准确。第一本这样的书于 1970 年出版。在这本书里，物理效应按照发明的运用讲述出来，看起来另一本参考书应编入不同物理效应的组合。这项工作还没有做，也许是因为组合的数目太大了。

这就是方法 18：组合各种效应。

举例来说，让我们看一看三种不同的物理效应。

第一种效应是光的偏振现象。我们已经知道，如果光通过一种特殊物质，就会产生偏振现象。 振动只在平面 —— 比如在竖直平面上。

第二种效应是特殊晶体作用，即偏振光通过特殊晶体时改变折射方向。

第三种效应是物体的热膨胀。

如果把这三种效应相结合就会得到一种温度计。温度越高，特殊晶体的厚度越大，就会使偏振光以较大角度通过。

这些效应的组合法则还未被人们所了解。但这是发明科学的前沿，将会解答许多新的发明问题。

第**17**章　莫比乌斯圈

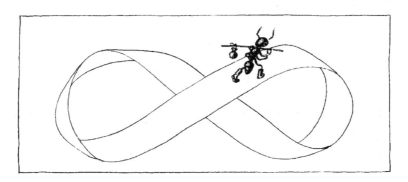

在科幻作家阿瑟·克拉克写的故事《黑暗的墙》中，哲人格里尔对他的同伴布里尔顿说："这是一个平面，当然，它有两个面。你能设想这个平面只有一个面吗？"

布里尔顿惊奇地看着他说："这不可能。"

"是的，初看起来是不可能的。"格里尔说，"拿一条纸，它有两个面，把它的两头粘上就可以做成一个坏，两个面保持下来，一个内表面，一个外表面。如果将纸条的一端扭转 180°，然后再将两端粘起来，会出现什么情况？"

格里尔将扭过的纸条的两端粘了起来。"现在把你的手指伸在一个面的上面，"格里尔静静地说。布里尔顿决定不必这样做，因为他已经懂得了这位智者的想法。

"我懂了！"他说，"现在不再是两个分开的面了。现在我们只有一个连续的面，仅有一个面。"

这种扭转的条粘成的环得到一个名称"**莫比乌斯圈**"，是以首次描述了此圈奇妙特性的德国数学家的名字命名的。

这是方法 19：莫比乌斯圈的几何特性。

设想一个蚂蚁在莫比乌斯圈的外层表面行走。如果它沿着圈走而不越过圈的边，它就会回到它开始的地方，在这个圈上它行走的时间是在一个普通圈上行走时间的两倍。蚂蚁走过的是圈的两面，外表面和内表面。这种旅行 —— 在一个未知的行星上，由故事《黑暗的墙》的主人公实现了。

你会说这只不过是幻想。但现在很多人都在利用这个奇妙的莫比乌斯圈特性来解决很多的发明性的问题。

设想有一个传统的皮带做成一个圈。外圈涂上研磨材料，将这个皮带圈安装到机器上，当你需要打磨一物体时就将它压在这个运动的皮带圈上。过一段时间，研磨层磨完了，皮带圈要换下来，这会耽误很多生产时间。我们怎样才能既不增加皮带长度又能使它的工作寿命延长一倍呢？

几年以前，一位俄国发明家 A.P.古柏杜林，以一台运用莫比乌斯圈特性的磨砂机获得一项专利。皮带圈的长短和通常的没有两样，但由于它的工作面增加一倍，所以它的寿命也增加了一倍。非常聪明的办法，不是吗？

有种清洁液体的皮带过滤器，过一段时间过滤孔就被沉积物堵塞了而不得不更换，你可能已经想出该怎么解决这个问题。是的，利用莫比乌斯圈的过滤带获得了专利。还有利用莫比乌斯圈改制的录音机也获得了专利。各个国家大约发布 100 项专利给利用莫比乌斯圈原理而设计的装置和机器。这意味着不仅当人们运用"**窍门+物理**"时能做出发明，而且利用"**窍门+几何**"也能做出发明。

从硬纸板上剪下两个圆片。将一个放在桌面上，另一个放在它的上方。将两个圆片用木销钉沿着圆片的边缘连接起来，你会得到一个栅栏状的筒，很像装小松鼠的笼子，现在将上面的圆片按顺时针方向旋转，并将下面的圆片按逆时针方向旋转，就会出现一个中间细腰的旋转双曲面，看着像一个沙漏。旋转得越多，中间的腰就越细。这种形状叫做旋转双曲面，它有很多特性引起很多发明家的丰富想象。这个双曲面的表面是曲面，虽然是由直的、线性的部分所组成的。所以，这种形状很容易制作出来。

莫斯科电视中心的舒克霍夫塔就是旋转双曲面。塔是由直的金属构件构成。这种扭曲的形状带来很高的稳定性和强度。如果想建其他曲线形状构成的塔将会很困难，因为需要弯曲的金属构件。

旋转双曲面最重要的特性之一是它能够很容易改变自己的形状，只是旋转一头或另一头。比如说，在日本有一项专利是将传送带的滚轴设计成旋转双曲面，其曲率可以改变，传送带的曲率也可随之改变。这很重要，当传送可以自由流动的材料时，需要弧形的传送带；当传送箱子时，就需要平面的传送带。

这是方法 20：旋转双曲面的几何特性。

下面是第 4226618 号专利所发布的发明。

一台土豆收获机的轮由两个圆盘组成，两个圆盘由一些细棍连接起来。这些细棍和圆盘的连接是活动的。圆盘和细棍连接后，一面的盘可以相对于另一面的盘扭转。这里并没有提及"双曲面"一词，虽然双曲面的特性已用来改变曲率。

有很多基于抛物面、螺旋形的几何发明。这说明一位发明家不仅应该了解物理，还应该了解数学。但是，发明家不应该到此为止，如果在创造性解决问题的理论上增加上一些化学知识，哪怕只是初高中的水平，发明家的宝库就更广阔、更丰富了。

第18章 争取达到理想的最终结果

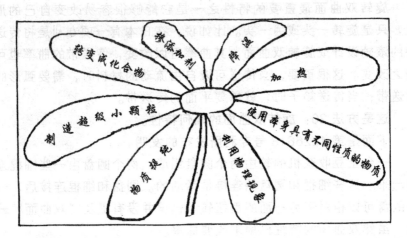

最近发生了下面这件事：一个工程师在研究金属板的润滑过程，在一种传统的润滑剂里面加入 2%的金属粉。当机器工作时，这些金属颗粒排列在摩擦面之间减少磨损。摩擦面之间的间隙越小，润滑剂中金属粉颗粒就应该越小。这里就出现了一对技术矛盾，颗粒越小，润滑剂就越好，也越难制成润滑剂。

遵循解决科技问题的理论，我们应该设想**理想的最终结果**。这意味着我们要回答下面的问题：我们想在理想的解决中得到什么？理想的最终结果是幻想，是梦想，是可望而不可即的，但它允许我们建造通往答案的道路。记得我们当时将解决技术问题的理论比作桥梁吗？理想最终结果就是那座桥的桥墩之一。

在润滑剂问题中理想的最终结果是什么？这并不难回答。从理想化来说，金属颗粒应该减小到它的极限 —— 单个的原子。如你所知，这个理论起了自相矛盾的暗示："很难得到非常小的金属颗粒吗？那么得到超级小颗粒将会容易得多！"

理论到此为止，下一步需要化学方面的知识。

带有悬浮颗粒的油是物理混合物。如果我们进一步分解粒子我们将会得到胶体微粒溶液。最后，如果我们再进一步分解胶体微粒，使它们小到原子大小，我们就可得到真正的溶液。现在我们可以给理想最终结果下个更精确些的定义。理想的最终结果是得到一种油中的金属溶液——或更准确地说，是带有金属原子的油。

不幸的是，这种理想的最终结果是可望而不可即的。就算非化学界人士也知道一种物质只能在相似的物质中溶解。油是一种有机物质，只有有机物质才能在油中溶解。金属不是有机物质，在通往理想最终结果的路上存在着如下的物理矛盾：金属中的原子应该在油中溶解（这是我们的目标），但它们不能被溶解（化学的规律是不能打破的）。

让我们从理想最终结果退后一步，我们不去溶解金属原子，而去溶解包含金属的分子。我们将用你们已经学到的方法：比理想的最终结果要求的少做一点，如果不可能将颗粒做得像原子那么小，那么我们就将它们做得大一点，我们将它们做成分子。这对矛盾立即就消失了。油中没有金属原子（它们是分子），油中又有金属原子（它们隐藏于分子之中）。

还有一个问题：应该运用什么分子？只有一个必需的特点，这种分子应该有金属而且应该是有机的。这意味着它得是一个金属—有机体混合物，它应能很容易在油中溶解并有金属原子。

要想解决这个问题，我们要运用几个不同的概念：理想最终结果；物理矛盾；少做一点的方法；化学上的一个简单的规律——物质只能在相似的物质中溶解。即便处于这种情形下，问题仍没有得到解决。含有金属—有机体混合物的分子中有金属原子，但我们所需的是分离的金属原子。我们再回忆一下化学规律，要想从分子中得到金属原子，要把分子分解。我们该怎么做？这很简单，我们将这个物质加热到某种温度。当机器工作时油会被加热，如果我们用一种在这种温度下分解的金属—有机体混合物，这个问题就解决了。

这是方法 21：理想最终结果（IFR）。

让我们看一下真实生活中这个问题是怎么解决的。

一个工程师在用"错误尝试"法寻求问题的解答。他试了各种各样的办法分解金属，做了很多实验，看了很多参考书。好几年过去了，一次他在书店听到有人在找有关金属—有机体混合物的书。

这位工程师想："首先，金属—有机体混合物含有金属，再者，他们是有机物质，这说明这类混合物可以在油中溶解，这就是我们所寻求的。"

这个工程师买了这本书，找到了适用的信息，选到了适用的物质 —— 醋酸镉盐。

在关于发明的故事中常常可以看到类似的描述。这些都是典型的错误尝试方法。人们随机寻求解决的办法，而没有意识到这种任务是可以通过构思出理想最终结果，确定物理矛盾，用科学的方法来解决的。

这任务起初非常困难，那位工程师尝试他看到和听到的一切，碰巧有人到书店问有关金属—有机体混合物的书。如果不是因为这个巧合，不知道这个问题要搁置多久，那位工程师要用多少年寻求这个答案。

在前面某一章中，我们提出了如下的方法：

如果需要在现存物质中引入另一物质，可由于某种原因这是实现不了的，那么稍为改变一下现存物质。

在我们的问题中 —— 稍微改变一下意味着什么？这种改变可以是物理的 —— 加热、降温、用相同物质的不同物理状态等。改变也可以是化学的 —— 不用一种物质的纯净状态而用混合状态，从这种混合物中可以得到所需的成分。或者用一个简单的物质，在它完成自己的任务后将其转换成化学混合物。

这是方法 22：引入第二种物质。

我将给你另一个例子来表明如何运用这个方法。

氧化铝晶体只在纯净熔化的情况下产生，甚至不允许用白金坩埚来熔化氧化铝，因为白金原子会熔进来。实际上，这是一个具有纯粹物理矛盾的发明性的问题。我们必须用一个坩埚来熔化氧化铝，我们又不能用坩埚，因为要制出纯净的熔液。这意味着我们要在氧化铝中熔化氧化铝。我们可以拿一个氧化铝容器装进氧化铝，给它加热。加热的方式会使容器的中间部分熔化。现在我们在固体氧化铝坩埚的中间得到熔化了的氧化铝。要想达到这个目的，我们要用电磁感应，在本题情况下能源不能和需要加热的物质有任何接触。

到目前为止，一切都很好，只是氧化铝是不导电的绝缘体。这意味着没有电磁感应。虽然熔化了的氧化铝可以导电，但要想使氧化铝熔化必须加热。但我们不能给它加热因为它是绝缘体。

这种情况常常发生 —— 解决一对矛盾，又出现另一对矛盾，接着是第三对，就像障碍赛一样，一个障碍接着另一个障碍。

这里是物理矛盾：要想产生电磁感应，需要加入金属片，但又不允许在氧化铝中加入其他物质以保证它的纯度。帮助克服这种矛盾的发明非常简单。在熔解之前在氧化铝中加入一些铝片。铝是非常好的导电体。在电磁感应阶段，它会产生热而且会和氧化铝一起熔化，在高温下，铝会燃烧并变为氧化铝而不会污染氧化铝。

现在请尝试解决一个简单的问题。要想找到答案你只不过要遵循两个步骤。

第一步：想象理想最终结果。行动起来就如同你是魔术师而且所有的物体都听你的摆布。

第二步：考虑如何得到理想最终结果，不进行重新组建而且只牵涉最小的变化。

问题 33　气罐有礼貌地报警

现在很多人用丙烷气体来满足家庭所需。这种气体通常用金属罐保存。当金属罐快空时，主人会重新将它灌满，问题是：怎么确知罐里剩了多少气？

一个大的气体公司的工程师们一直在试图解决这种问题。方法要求简单易行，并能确定何时气罐中的丙烷只剩下 10%。

"测量丙烷的压力？"一位工程师说，"不行，这不管用，只要罐中还有一滴液化气，压力就会是一样的。因为液体丙烷的气化会补充用掉的气体。"

"如果我们称一称呢？"另一位工程师说。

"不，这也不行。每次你想了解还剩多少气体时都要拆装，这也太困难了。"

突然，发明家诞生了。

"我知道最理想的方案。"他说，"这个油罐应该会非常有礼貌地报告自己的情况。"他解释了如何达到这种理想的结果。

你能提出什么建议？记住禁止用玻璃管，因为那样很危险。

第 **19** 章 头脑阁楼里的秩序

现在读者该感到气愤了。这本书一开始就批判"错误尝试"法，声称用这种方法解决复杂的问题时，人们不得不从很多种变体中随机地挑选。要花费很多年也不能保证找出正确的解决方法。接着本书提出了理论法则、规则、公式。运用公式，不用费多大力气就能解决问题太好了！突然，人们又发现我们要了解技术进化的法则有很多方法和窍门，比如"这物质存在又不存在"，物—场分析的法则等。

再进一步我们要了解物理、物理效应和现象的发明性特点；我们还要了解数学和化学；我们肯定稍后还要学生物学。在自然界，有很多隐藏的"专利"。

也许继续像 5 000 年前那样进行发明要容易一些。是的，用老方法发明要简单一些。用铁锹挖坑比开挖土机容易得多，走路比开车容易得多。但是为了任何行动的速度、力量、效率，人们都需要相应的知识，发明不再是例外。如果你想解决一个复杂的问题，就要学习这项理论，攻克"发明性物理"和这整套科学。

顺便说一下，我们现在处于非常有趣的境地，要想解决发明性问题，把你已经有的知识组织调动起来比拥有很多知识更重要。

现在学校里的学生知道很多，但这些信息没有很好地组织。他们运用这些知识的效率非常低 —— 低到 2%～3%。我在谈论学校，因为我们在那里学了很多，记了很多，但我们并没有学会如何在实践中运用这些知识，我们的知识组织得如同一个杂乱的仓库 —— 不加整理地堆积在一起。

你还记得甲壳虫的问题吗？当这个题目在《先驱者真理》杂志上发表以后，收到了很多来信，半数以上的信提出如下解答："拿一只杯子，放上 200 只甲壳虫，用一个普通的温度计测量其温度，然后用甲壳虫的数目来除这个温度。"

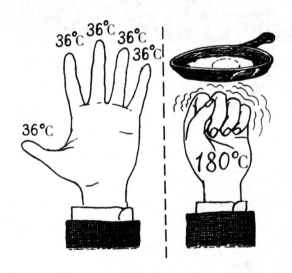

这些都是从 5 年级到初中的学生中得到的解答。结果有人问他们："如果你每个指头都是 36 ℃，你拳头的温度是多少？没人会说是 180 ℃，生活经验与之矛盾。在解决类似甲壳虫问题的过程中，这种错误却屡屡发生。关于热能和温度的知识没有得到真正理解，它就像毫无生命的物体一样待在我们记忆的仓库里。怎样才能激活

这些知识?

如果我们相信阿瑟·柯南道尔,第一个跨越这个问题的是福尔摩斯。在他之前,犯罪问题用"错误尝试"的方法侦破。福尔摩斯创立了一个系统,并且发现必须要有很多灵活的知识积累。下面就是他所说的:

"我认为人的头脑最初只不过像一个空空的阁楼,你要在里面装上你所选择的家具。一个傻瓜才会是见到什么装什么,因为那样就会把对他有用的知识挤出去,最好的情况也不过是把有用的知识混在其他杂乱无章的信息中。所以很不容易把这些有用的知识调出来。一个非常熟练的工作者对他往大脑阁楼装些什么是非常细心的,他只装那些会帮助他,对他的工作有用的工具,而不装任何其他的东西。他拥有很多对他解决问题有用的知识并且整理得井井有条。"

学校课程中所选择的知识在理论上说组织得很好。物理书、化学书和数学书上的每一页都有可能是解决问题过程中的最强有力的工具。这里的意思是赋予这些知识以生命,理解它,了解它的创造性力量。当你运用物理现象解决了一个技术问题时,就如同你第一次学到它,发现了一些新的、有趣的东西。

这也可以和学校之外得到的知识联系起来,这些事实也可以用来作为创造性的工具 —— 但是这种知识被装进头脑阁楼绝对没有秩序。

让我们研究一个非常有趣的任务。幼儿园的知识就足以解决这个问题了,当然这种知识要处于组织得很好的状态。

问题 34 风从哪里吹来

一个农场在建新牛棚。为保证牛棚中的空气清新,农场主邀请了一些科学家来确定通风是否充分。

"我们需要研究牛棚中的空气运动,"一位科学家说,"我们要测量气流的速度。牛棚很大，顶棚很高，空气速度依赖于墙和棚顶的温度，需要很多次测量，几个月才能完成这项工作。"

突然，发明家诞生了。

"在你们碰面的时候，我得到第一个牛棚的测量值。"他说，"测量了每一点甚至顶棚下面。这很简单……"

他怎么得到他的结果？让我们先别猜测。

我们由理想最终结果开始，最理想的解决是"我们希望在牛棚中的任何一处都会出现一个箭头标明气流的方向和速度。"我们如何实现这个目的呢？设想我们拿一个点着的蜡烛观察火苗的形态，如果我们要在 10 处 —— 甚至 100 处测量 —— 也是可行的。但理想最终结果说的是"任何一处"。所以蜡烛不足以解决这个问题，火苗已被"束缚"在蜡烛上，不可能使火苗充满牛棚。也许我们可以在牛棚里充上烟？这也不太好。烟是可以到处跑，但烟不透明。我们不可能看到和测量任何物体，达到理想最终结果要抓住某种有矛盾特点的事物，它应该在任何一处，任何地方，但又不能无处不在，从而使空气清晰，以便我们通过它观察。

这是一个非常熟悉的情况，要求我们在空气中增加一点东西，又禁止我们在空气中增加什么。用火苗和烟不好，因为它只满足前半个要求，我们将要采取像解决以前的问题时一样的措施，我们将在牛棚空气中加进去一些稍有不同的空气，让它变成可见的。

如何给空气染色？只有两种方法能给空气染色。我们可以给它的整体或表面染色 —— 空气由一层薄膜包裹着。你也许已经找到了解答。我们在谈论肥皂泡，很多肥皂泡会使牛圈中的空气变为可见的，在气流速度大的地方，就会显示出长条状的肥皂泡。

我肯定关于肥皂泡的知识和它们的性能在我们头脑阁楼里存在有很长时间了。但它们只是毫无用处的废物。现在你知道了肥皂泡和肥皂溶液（一个可以产生很多肥皂泡的系统）能满足一些矛盾性要求，**有一个物质，但又没有物质。**

这是方法 23：利用肥皂泡和泡沫。

这意味着在不同的问题中利用肥皂泡是一个非常有效的方法。前面谈到的问题使我们了解了一些这个方法的"优美"之处。

　　我们已经将我们的新工具擦拭干净，并和其他的工具放在合适的排列中。

第 **20** 章　做发明家是将来的职业

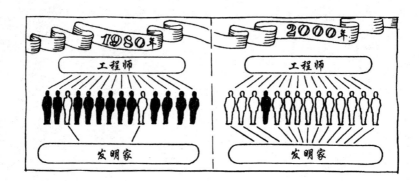

　　现在还不存在发明家的职业。一个工程师在自己的工作中能够偶然做出发明。你可能会争辩："爱迪生的情况呢？他获得了一千项以上的专利。"爱迪生主要是运用"错误尝试"法进行发明。要研制出一种新电池，他做了 50 000 次以上的实验。如果一个人做这项工作是不可能的。但爱迪生不是独自工作的，有上千人在实验室为他工作。他的实验室可被看做是发明公司 —— 一个公司而不是一个人。

　　我们说莫尔斯是电报的发明者，波波夫是收音机的发明者，富尔顿是蒸汽船的发明者，他们中没有一个是职业发明家。他们做出了一个或数个发明，然后他们就太忙了，以至于没有工夫将他们的产品打入市场。詹姆斯·瓦特是一个职业机械师。他发明了蒸汽机，获得了这项发明的专利，解决了几个其他的问题。但到他生命结束时，他成了"专职"企业家。他把心思花在如何利用他的发明获利上。

　　想靠解决发明性问题而谋生的人通常要死于贫困。这并不令人吃惊。"错误尝试"法不能保证在短期内解决问题。画家知道要用多长时间画完一幅画，作家知道要用多长时间写一本小说，而用"错误尝试"法的发明家说不准要用多长时间他才能解决一个问题。答案可能会在今天找到，也许一生都不能找到。

你能想象一个发明部门里的雇员都在用"错误尝试"法解决不同的发明性问题吗？人们坐在那里思考，随机地选出一个或另一个变化。

"我的朋友们，"部门的头头会说，"你们已经考虑了10年，但没有任何结果。"

"这是一个非常难的问题。"发明家会说，"我已经考虑了6 000种可能的答案。"

"我建议你到街上散会儿步，"老板说，"也许你会发现什么激发你的灵感而想出答案。"

"我想我还是休息一会儿，"发明家会回答说，"有时梦中出现新想法。你知道一些类似的例子……"

这并不是夸张，最近《心理学》杂志上的一篇文章谈到一位美国心理学家 —— 马克康农 —— 试图通过研究从熟睡状态到清醒状态的转换，来找出顿悟和直觉的源泉。一个相似的研究已经进行了60～70年，但还没有结果。

"错误尝试"法要考虑事情的所有可能性。所以，想要改善这种方法的努力徒劳无功。

进行发明需要不同的方法 —— 一种基于技术系统进化法则的方法。

过去的几年，一些特殊的群体运用**创造性解决问题的理论（TRIZ）**来解决一些问题。不久，这种群体就会很普遍，就像计算机程序员一样普遍，也许TRIZ专家会被称作发明工程师，或技术系统发展的工程师。

让我们做一些幻想，观察一下迄今还不存在的某个发明组织的房间。

问题 35　由需求产生的发明

在生产超细金属线的工厂中，一台速度非常高的机器制造非常细的、银色蛛丝般的金属线并把它绕在一个大卷轴上。这个机器很好，但是控制线的直径的方法很原始。通常是将机器停下来，把线剪断来称。由于知道线的密度，线的直径就可以算出来。人们尝试过很多种方法，想在生产过程中测量线的直径。但没有结果，不是方法太复杂，就是不够精确。一天，厂里的主管去听音乐会。在剧院里，他突然惊呆了。

"哎呀，我找到了！"他说。

第二天，他向他的同事们讲了他的想法。金属线看起来像是吉他弦，弦的振动频率依赖于它的直径。我们只需振动细线，频率将会告诉我们它的直径。两天内，这项发明就被采纳了。现在机器可以持续工作了。

"太好了！"老板说着，给发明家签发奖金，"从明年开始，我们将制造更细一些的金属线，它的直径要求非常高的精确度。我们应该怎么办？让我们提出要求，并让专家去寻找问题的答案。"

第二天，工程师们到了发明组。

"这是一个很简单的问题。"发明组的主任说，"让我们到隔壁去一下，那里有一个实习生，他会帮助你。"

这位实习生非常年轻，工程师用非常怀疑的态度向实习生讲述了问题。

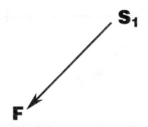

"这个问题很容易解决。"实习生说，"首先我们把条件写下来，有一个物质 S_1 —— 金属线，这个物质应该发出一个信号；一个场 F，能够传送线的直径的信息。"

他在一张纸上画出：

"这个物质本身不能产生这种场，"他接着说，"所以我们要运用另一个场。"

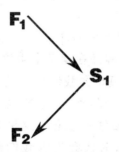

"这就是你们厂做的物—场的发明。"实习生说，"振动金属线就是运用一个机械场 F_M，使其产生机械振动。这种振动是机械场 F_2。"

为提高测量的精度，首先我们要用电磁场代替机械场，然后引入第二种物质构造一个物—场。新的图如下：

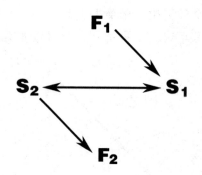

    电磁场 F_1 作用于金属线 S_1，这段金属线将和第二种物质 S_2 相互作用而发出信号 —— 场 F_2 的某种形式 —— 传递出线的直径的信息。你想要什么信号？

    "光信号，"工程师说，"这更方便。"

    "这意味着 F_2 是视觉场。这样，电磁场 F1 作用于金属线 S_1，金属线 S_1 作用于某种物质 S_2，这种物质发出关于金属线的直径的视觉信号。问题解决了。我们现在要做的是回忆一下高中物理课本，请打开……"

    他递给工程师一本打开的课本。

    "你也许是对的"，工程师在读了书中这一页后，若有所思地说，"这是一个很好的解答！真奇怪我们自己没能想出来！"

    我们要测量金属线的直径。"电晕放电"可以很容易在细线上出现。放电依赖于金属线的直径，这是我们解决本题所确切需要的。"皇冠"的亮度和形状会告诉我们金属线的直径以及它的横断面的形状。如果横断面是椭圆形的，"电晕放电"也是椭圆形的。

    下面是一个真实的故事。科技发明学院有一个数学天赋很高的学生，他毕业后在另一个城市找到了工作。不久他写来一封信，描述了下面这个非常有趣的问题。

问题 36 1 ℃ 之内的精确度

在一个科技公司的大厅里，公司主任叫住了这位年轻的数学家。

"我记得你是从一所发明学校毕业的。"他说，"坦率地讲，我的看法是任何事都依赖于个人的天赋，但是……我们将成立另一个组。有一个大项目等待解决，是一个非常复杂的问题。我们甚至不知从何入手。这个组有 15 个人，我想让你也加入这个组。"

年轻数学家感到很好奇。他问道："是什么样的问题？"

主任解释说："害虫蛴螬有时会进入谷粒。它们应该在谷粒入仓之前就被消灭掉。最好的办法是将谷粒加热到正好 65 ℃，不然的话，一切都会受损。理想的加热应该控制温度误差在 ±1 ℃ 以内。但是，大量谷物的加热会在某处引起过热。如果只给少量谷物加热，效果就会大幅度降低。我们尝试过很多种给谷物加热的方法，哪种都不奏效。我们想再试一种 —— 将热气吹过谷物，也许我们会幸运地找到答案。"

"你不必那样做，"数学家打断主任的话："这个问题应该这样来解决，……"

他解释了解决的办法。

也许你已经想到了，谷物中应该加入居里点为 65 ℃ 的铁磁粉。当加上电磁场时，谷物会被精确加热到 65 ℃。当这个过程结束时，用磁滤器将磁粉清除掉就可以了。数学家的信以此结尾："我的对话者长时间盯着我，惊愕万分。我从来没想到找到问题的答案会带来这种反应。人们在大厅里走过，向主任打着招呼，但他都没有回答，只是直直地盯着我……"

第**21**章 一点实践

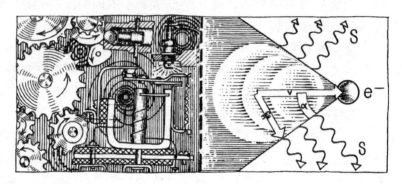

现在可以在我们的单子上再增加一些方法。

方法 12. 物—场分析。

方法 13. 自我服务。

方法 14. 热膨胀。

方法 15. 从宏观结构转换到微观结构。

方法 16. 电晕放电效应。

方法 17. 铁磁材料的居里点。

方法 18. 组合多种效应。

方法 19. 莫比乌斯圈的几何特性。

方法 20. 旋转双曲面的几何特性。

方法 21. 理想最终结果。

方法 22. 引入第二种物质。

方法 23. 利用肥皂泡和泡沫。

你已经知道了你需要做的第一件事 —— 当问题已经提出时 ——
是构思**理想最终结果**并且尝试达到它，一个好的解答往往很接近理想最终结果。让我们用这个工具实践一下。

问题 37　把旋钮抛开

用显微镜观察的人需要移动放有物体的玻璃片，有时只需移动 1/100 毫米或 1/1 000 毫米 —— 比头发丝还细的距离。人们通常是用一种机械旋钮来移动放着玻璃片的滑板。制造这些零件的过程非常复杂而且造价昂贵。

工程师在一起讨论："我们怎样做才能使机械更精确、更可靠同时又降低成本呢？"

他们开始考虑。

"这是一对技术矛盾"，工程师说，"具有高精密度的旋钮非常昂贵且很容易磨损，但粗糙一点的旋钮不能保证需要的精确度。"

突然，发明家诞生了。

"让我们丢掉旋钮！"他说，"我们要采取什么样的措施在移动玻璃片时达到高度的精确性呢？"

你不用读完问题 37 就肯定能解决这个问题，只要你认真读了这一章，你就能提出 3 种正确解答。

问题 38　简单一些的东西

所有的聚合物都要老化。这个过程使我们想起金属的氧化，氧是"有罪的一方"，它分解聚合物的分子。要想保护聚合物免受氧的侵蚀，有必要在沸腾的聚合物中加一点铁粉，铁原子会吸收氧而保护聚合物。但是铁粉越细，它与氧的作用就越快 —— 甚至在被加入聚合物之前，就会变成氧化铁而失去它的保护性。

"为达这个目的，我们要使用惰性气体。"化学家说，他被邀请来当顾问。

"这会很复杂而且不方便。"工厂来的工程师说，"我们需要简单一些的办法。"

突然，发明家诞生了。

"请注意！"他说，"这里有一个非常简单的答案。"

你认为发明家提出了什么？你会发现这个答案非常容易。请想出一个可行的主意。

问题 39 传送带上的粉

一条传送带安装在矿区的两座建筑物之间。一种很碎的矿石由传送带从一处运往另一处，最终送到窑里。工人们对工程师抱怨说，因为矿石像粉末，有一点小风就被从传送带上吹走。

"我们怎么办？"工程师说，"我们给这些粉末加水，但没有多大用，因为水蒸发得很快。多加水也不是很好。也许我们要给传送带加上盖子？但这样你就要多做一些工作，打开和关闭传送带的盖子。"

突然，发明家诞生了。

"我们应该有一个盖子以便矿粉不被风吹走，"他说，"我们又不应有盖子以便简化工作，所以应该是……"

你觉得应该怎么办？记住我们要保留传送带，这项任务是防止矿粉被风刮走。

第 4 部分

发明的艺术

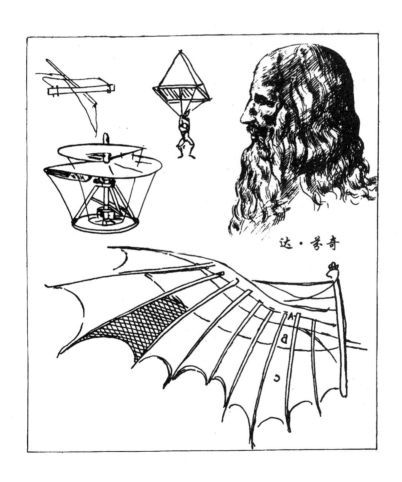

达·芬奇

第 22 章　我们所选择的道路

　　发明活动有很多方面，它包含发现问题、解决问题、将新想法变成工作模型和给设计方法带来活力。当然最重要的事是找出答案。整个程序的某些阶段，可以交给那个领域的专业人员，比如将想法变成模型，进而将模型发展成产品。当然，如果发明家能够参加所有的阶段会更好。但是，发明家参与解决问题的过程是必要的，因为没有人能代替发明家。对问题给出答案是发明的关键。

　　19 世纪的发明家是"样样都会"。他们手工制造机器并改善它们直到能够很好地工作为止。当代的发明家首先是思想家——一个知识分子。如果发明家手很巧当然也很好。发明家需要的最重要的素质仍然是具有非常精确的逻辑思维。当他开始策划以前，应该先有关于答案的想法。这是一个非常复杂的过程。

　　在开始阶段，发明家就应该问这样的问题："我应该处理这个系统还是用另一个能够达到最原始目标的系统来代替它？"

　　在现实中，这个问题是弄清老系统是否已耗尽了自己所有的资源。如果没有任何保留，就是发展新系统的时候了。让我们通过一个具体的例子看一看这样的问题是如何出现的，我们该如何解答。

问题 40　停止猜测

在炼铁炉熔化矿石的过程中，会产生矿渣——一种镁和氧化钙的混合物。将温度高达 1000°C 的矿渣倾倒进大吊桶里，由轨道运送到工厂里进行再加工处理。熔化的矿渣是制造建筑材料的非常好的原料，但冷却的矿渣不是好的原料，将它重新熔化又不大经济。开始时桶里的矿渣是液体，但是在运输过程中形成坚硬的外壳，需要用特大的装置来打碎它。即使这样，矿渣壳会使桶内残留一些矿渣，结果是只有 2/3 的液体矿渣在再加工工厂得到利用，其余的就被当作垃圾倒掉了。同时，还要用很多的人力来清除桶内矿渣形成的硬壳，以及从工厂地面将废渣清除。

最后，这个问题交给一个科学委员会来解决。

"应该设计绝热良好的吊桶。"一位科学家说道。

"我们已经这样试过了——但没有成功。"工厂的一位成员反对说，"绝热层会占很大的空间，桶将很宽大并超出铁路的限界而不能被接受。"

"给吊桶加做一个盖子怎么样？"科学家接着说，"为什么我们不能用绝热体做一个盖子呢？主要的热量是从灼热的液体矿渣和空气接触的地方损失的。"

"我们也试了这种办法，"工厂成员叹息道，"这吊桶像一间房那么大，你能想象盖子的大小吗？这个盖子得用吊车盖上或拿开，工作量太大了。"

"我想我们要寻求不同的方法来处理这个问题。"第二位科学家说，"让我们重新构思整个的过程以便不需要将矿渣运送那么远。"

"我不这样想，"另一个科学家反对说，"我认为应从不同的角度思考一下！让我们找出更快的方法输送矿渣。"

"我们需要找到问题的根源，"第四位科学家说，"这项任务要

大得多 —— 炼铁时不产生矿渣！"

突然，发明家诞生了。

"不要再猜测了，"他说，"这个问题应该这样构思，以便……"
你认为该怎样构思这个问题？

在现实生活中，我们有成堆的任务 —— 所谓的发明性情况，但
是很难找出正确的、能够产生最佳结果的选择。

问题 41 让我们讨论一下这个情况

为了大量生产玻璃板，加热至通红的玻璃板被放在传送带上，
然后从一个轴传送到另一个轴直到冷却下来。因为传送时的玻璃板
仍然炽热而且是软的，会造成下垂而表面不平，所以不得不打磨一
段时间。

第一次碰到这个问题的工程师提出将传送玻璃板的轴的直径
做得尽量小，轴直径越小，玻璃板的下垂现象就越少，也就是说制
成的玻璃要更平整一些。

这里出现了一对技术矛盾。轴越细，要做成几米长的传送带就
越困难。如果滚轴直径做得像火柴棍一样，则每米的传送带就会有
500 个滚轴，安装起来就要求像做珠宝首饰一样精确。如果滚轴的
直径只有线一样细呢？

"没有什么可怕的，"一位年轻的工程师说，"我们周围并不乏
手艺人，他们甚至能在罂粟籽上作画。让我们设计一个由非常细的
滚轴组成的传送带。我们能找着人来组装这样的传送带。"

"听着，想一想这样的传送带的造价。"有人反对这个年轻人，
"最好还是用大滚轴，我们要做的是改善玻璃的打磨过程，我们要将
它的弯曲处拉平。"

"我认为我们应该不要传送带，"另一人说，"最好是用新的方
法来代替它。"

突然，一位发明家诞生了。

"让我们研究一下这个情形，"他说，"从这些方法中我们应该选择……"

他解释了他要选择哪种方法，你的想法呢？

问题 40 和问题 41 是很容易解决的。

在问题 40 中，有一个"矿渣运输"的问题。这个系统是上层系统"铁的生产"中的一部分。我们在上层系统中没有问题，我们不必改变它。系统进行着自己的工作，运送矿渣，除了有一部分矿渣在运输过程中变硬外，其他一切都没问题。当然没有必要改变整个系统 —— 也不用改变上层系统。如果因为刮雨器脏了就不要整个汽车是很愚蠢的。

在这种情形下，可以通过一个非常简单的法则来进行问题的转换：其他的所有部分都保持不变，只是不足之处应该去掉。让我们像以前一样在无盖的桶中运送矿渣，只是不让它产生硬壳。

在问题 41 中，情况就不同了，这个系统不能完成基本的要求。首先，传送带应该能保持玻璃板的平直；其次，传送带应从窑中将玻璃传出。我们已经对进一步改进传送带不抱太大的希望了（不是笼统地说，而是在玻璃生产过程中）。因此需要用一个全新的系统。

也许在上述两例中，其他的情况还是可能的。当你不能确定该做何种选择时 —— 是保持现有系统还是找寻一个新系统 —— 你要以这种方法考虑问题以便挽救原来的系统。

没有精确的科学能甩开技术。举例来说，不同的人用显微镜能得出不同的结果，结果依赖于使用者的技术和目的。

设想现在的任务是用崭新的东西来代替传统的船。船是在宏观水平上工作的"系统"，船与各种船具、引擎都是非常大的零件。有一天，这个系统可以转换成微观水平，虽然还很难想象在这种状态下船看起来会是什么样子。解决发明性问题的理论对此能说些什么呢？

第一，总的来说转换到微观水平是可能的。

第二，"船只"系统还没有到达它自身发展的第三阶段，即僵硬的、固定的结构转换为灵活的、可移动的结构。系统的发展资源还没有耗尽。这意味着在转换到微观水平之前还要有几十年时间。不过如此！

此理论就是这样，研究方向要由研究者自己选择。有一点应该弄清楚，如果在旧系统还未走完自身发展道路之前就去设想全新的技术系统的话，通往成功的道路并获得社会的承认将会很漫长，而且是很艰苦的过程。一个超前的任务是不大好解决的。最难的任务是证明新系统是可能的、必要的。在前面章节中我提到了振动陀螺仪，其作者于 1954 年申请的专利 —— 在 21 年后的 1975 年才得到。用了 20 年来证明它的实用性和建造的可行性。

设想 200 年前一个发明家走到造船商面前说："你有什么必要用帆呢？将它们扔掉，安装上人们在矿井里用的蒸汽发动机。让发动机像驱动风车一样来驱动船桨。这多么好啊！"我怀疑是否有人会认真接受这项建议。我们在谈论一项伟大的发明 —— 轮船。

俄国的普林斯尼亚科夫，1955 年申请一项专利，遭到反对。所有的专家都不赞成。人们认为在船上用电磁泵来取代发动机是荒谬的。发明家用了 14 年来争论，证明自己的立场是对的。直到 1969 年他才得到自己的专利。他花了 14 年让科技界专家承认他，而且还得经历很多年他的发明才能被人们所看到 —— 设计样品，实验，等。

用普林斯尼亚科夫发动机的船还不存在，但是随着时间的推移它们会出现。

由技术系统转换到微观水平是一种法则。但是技术系统发展的进化法则表明：**系统在用尽自身资源以后才会进行到微观水平。**

普林斯尼亚科夫还没有收到对他的发明的奖励。他的船还只是纸上谈兵，但是第一位发明电磁引擎船的荣誉会属于他。创造性工作，创造性的满足，解决了将来问题的想法 —— 这是对一个发明家的真正的奖赏。社会也是获胜者。当船转换到微观系统的时机来到时，科学家会知道电磁引擎船是方向之一。提前做出的发明，在做最后分析时，会发现非常大的实用价值。

还有另一条路，这个"船"系统还没有老化，人们可以致力于在宏观水平上解决相对小的问题，改善船上的不同的零件。在几年当中，你就可得到改善的专利，将它们引入市场，获取利润并听到那些由于该专利使其工作简化了的人们向你表达的感激。

问题 42　雨并不是障碍

码头上一艘船在装货。一架非常大的起重机将货物通过舱口装进货舱里。雨下得很大，雨水进入了货舱。

"这是什么鬼天气啊？"船上的一个搬运工说，"我都被淋成落汤鸡了。"

"我们没一点办法。"另一个搬运工回答说，"在装卸的时候你不能关上舱门或弄上个顶棚。"

突然，发明家诞生了。

"你需要一个非常特殊的顶棚，"他说，"可以阻止雨进入又能允许货物进入。看一看……"

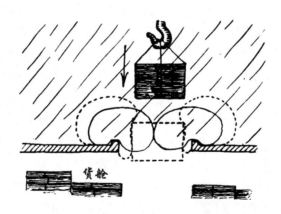

他提出的是什么样的顶棚？

成千艘船停泊在码头上，上万名码头工人在阳光下、风雨中或风雪中工作，确实需要在货舱上面装上顶棚。发明一个并不太难。很久以前就出现过这类问题，为避免工厂的穿堂风，门得关着。要让叉车进入，门又得开着。这矛盾很容易就解决了 —— 门由厚重的、柔性的、透明的条状物做成。叉车需要时可以方便地进入，但门一直关着。货舱的门比一般的门要大得多，因此，顶棚可以由大气袋安装在货舱顶部里边，看起来是两扇门，货物可以将气袋推向两边而进入货舱，基于这个想法的专利很快就公布了。

有必要解决不同大小的问题：小的、中等的、大的和特大的，当问题越来越大时，"错误尝试"法的不足之处就越明显。

所以大公司在研究改善现存的大系统，却很少研究发展一个全新的系统。

有了这套解决技术问题的理论，形势在改变。我们很有信心在不远的将来，创新学院将会组织起来，主要的专业将是为遥远未来的问题寻求答案。

最有优越性的情形是当一个系统用尽了自己的发展资源而需要由一个基于不同原理的新系统来代替。旧系统的缺点人人皆知，且新想法大受欢迎。这像问题 41，制作细的滚轴是不明智的，具有滚轴的转送带应该由具有不同原理的新的东西所代替。

第 **23** 章 STC算符(大小、时间和价格)

一次有人让郝德加·纳思瑞丁做一件非凡的事。"好吧!"他说,
"我将在某种条件下做一件非凡的事。从现在开始你们任何人都不
许想白色的猴子。"纳思瑞丁仔细地描述了这只白猴子,然后重复说:
"现在,不要再想那只猴子了。"

当然情形正好相反，没有人能停下来不想那只白猴子。

发明性问题就像狡猾的纳思瑞丁一样强加给你一只白猴子。在问题 41 中，我们毫不犹豫地决定不用滚轴传送带，但是滚轴传送带或皮带传送带的形状不断地在我们的头脑中闪现。想抛弃习惯了的印象是非常困难的。因为我们不知道新的传送带应该是什么样子。

我记得一个非常有趣的故事。一家工厂生产成千上万的瓷器——杯子和盆子。每件瓷器都在窑中烧制两次。在第一次烧制完后，每一件瓷器都得通过质量检验。在第二次烧制时，根据不同的检验结果定下特殊的温度。检验程序如下：工人拿起一只盆子，用一只特制的小锤轻轻地敲击一下，然后从声调判断烧制的程度。工人们把这个过程称为"敲钟"。这不是件容易的工作。所有的工人敲击着盆子、杯子，倾听着音调，检验着产品。后来一些发明家决定设计机器人来完成这件工作。

这是一个典型的例子，系统已过时，所以要用新东西来代替。

发明家懂得这些，但是他们不能脱离"白猴子"印象的限制。他们制造了一个有两只"手"的机器，一只手拿着盘子，另一只手拿着一只锤子敲击盘子，一个麦克风接收声音，一个电子仪器分析音调，然后指示第一只手将盘子放在什么地方。

机器安装在厂里了，但不久人们就发现这种机器比人慢得多。发明家尝试提高手臂的速度，但机器开始打碎盘子。最后只好把机器拿走，让工人们继续像以往一样检验产品。这件任务看起来很简单——用机械手代替人手。人的手臂、手掌和手指是具有高灵敏度和灵活性的工具，可以做很细致的调整和控制。手臂是由大脑控制的。这是一种通过上百万年才完善的"大脑—手臂"系统。

在科技博物馆，陈列着缝纫机、垒砖机、摘水果机，等等，全都有手臂，所有这些都不好，因为它们在模仿人的手臂。要想使人的手臂或手指所做的工作机械化，人们应该找出另外的办法。改变动作的原理，找到一个新的方法——一个很容易机械化的自动化的方法。

解决发明性问题的理论根据一个非常特殊的工具来拓宽你的想象力，**这就是方法 24：STC 算符（大小、时间和价格）。**

发明家应该考虑以下这些问题。

如果某物的体积缩小会发生什么？反过来又如何？如果某动作所用的时间减少了，会怎么样？反过来又如何？如果增加新的条件，会发生什么 —— 机器零件的造价会降低？或反过来，造价无限大？

在这些情况下问题怎样解决呢？这个关于大小、时间和造价的问题，像是哈哈镜，将任务的条件变形，迫使我们的想象力起作用，并帮助我们摆脱旧系统的顽固印象。

你能想象盘子像一个 10 分硬币一样大吗？或者更小一些，像一粒尘土一样？你不能用手指捡起这样小的盘子或用小锤子敲击它。对这样小的盘子，需要没有重量的小锤子。如果我们把机器的速度提高会怎样？如果盘子是正常大小，但我们只有 1 秒钟做测试，或者 1/1 000 秒、1/1 000 000 秒，我们该怎么办？在这么短的时间内声音不能达到操作者的耳朵或麦克风。这意味着需要比声音传得快的东西，只有光比声音传得快。如果盘子由光来打击怎么样呢？这是没有重量的锤子。我们能抓住反射的光并"听见"它吗？

STC 算符（大小、时间和价格）并不能给你这些问题的答案。它的任务只是打破阻碍我们思维过程的心理惯性。

STC 算符是在解决问题时的第一步研究方面的唯一工具。

如果曾有过焊接的经验，你就知道第一步是用酸清洗表面，在我们的问题中出现的是类似的情况。已经多次证明我们利用 STC 算符，问题就变得清晰并易于解决。

以瓷器问题为例子，STC 算符引起了思考：有可能用光来代替传统的锤子。

对于检测盘子来说，这是个新的方法。也许这个方法在别的方面已有所应用，也许人们已经设计了可以做这种测试的仪器。那么我们可用那种仪器并将它稍作改进以适合我们的测试。

哪里有可能要求测试陶瓷的零件？在电阻生产过程中，这是众所周知的。当然那些电阻都要测试。从大小上来说它们比盘子小得多，电阻不能用声音来检测，所以人们用光来达到这个目的，从电阻上反射的光的多少依赖于烧制的程度。机器可以每小时检验成千上万只电阻。这种仪器稍作改动就能用来检验盘子，从而将工人从繁重乏味的工作中解放出来。

看一下《政府公报》杂志，你就会看到我们走上了正确轨道。小物品用光来检测而不是用声音。举例来说，一粒由太阳能"做熟的"米可以由光来控制。这个过程获得了一项专利。

看一下正在发生的情况。通过运用 STC 算符我们有意地将问题复杂化了，但是同时我们在寻找一个简单化的答案！因为 STC 算符能帮助我们抛弃心理惯性，能够不带偏见地看待问题。

问题 43　由专家进行调查

"这支枪应该检验一下，"一个调查员说着并把一只来复枪放在专家面前的桌子上，"我想了解这支枪是否在一周前发射过子弹。"

专家仔细地看了枪，然后摇头说："我不知道如何解决这个问题，枪筒已经被擦拭，里面没有积碳。"

突然，一个发明家诞生了。

"我知道如何检查它，"他说，"让我们用 STC 算符。"

设想这把枪前 1 天发射过子弹，或是 1 小时前，5 分钟前。在这个具体的问题中枪筒中没有积碳，如果枪在 10 秒钟前发射过子弹，枪筒应该是热的。那么，即便是我们闭上眼也能说出这支枪发射过子弹，但由于温度记忆非常短，我们在过一会儿以后就不能指望它了。

让我们寻找一下金属具有的其他"记忆"性。在来复枪开火时什么特性会改变？你还记得问题 32，关于给高压线加温的问题吗？钢在居里点之上就不产生磁性。它的磁性在振动后也会消失。弹药所产生的气体不仅只对子弹起作用，也对枪筒的内壁起作用。通常由于地球磁场的作用，枪筒也会有一些磁性。在射击之后，枪筒磁性消失，在接下来的 3～4 周时间内枪筒再重新被磁化。时间过去得越长，枪就越接近正常的磁性。比较两支枪的磁性就足以确定哪支枪一周前用过。

我们这个例子中，STC 算符只帮助揭示到达答案的一半的路程。它提醒我们关于"温度记忆"，但为了转换到"磁性记忆"你要回忆一些物理方面的知识。通常的情况是这样的：STC 算符给你一个提示，一个刺激，接着你就能构思出理想最终结果，找出物理矛盾，运用物—场分析和物理知识。

让我们利用问题 41 关于滚轴型传送带问题作为运用 STC 算符的例子。滚轴的直径应该非常小，大约是头发直径的 1/100 甚至 1/1 000。实际上建造这样的传送带是不可能的。但是，因为我们在做头脑实验，我们不应该害怕尝试。让我们设想滚轴和分子一样小。分子的最小厚度是一个原子。通红的玻璃板将在原子层上运动。这可能是最好的传送带：理想的平整。

这个设想已经给出，让我们试用一下。在玻璃板下面我们散开所有原子。这不是气体原子，因为气体原子会发散；也不是固体原子，因为固体原子不能运动。剩下唯一的可能性是液体的原子。

通红的玻璃板在液体的表面上滚动！这是最理想的传送带。

什么样的液体可以用来做这种传送带？

我们不要猜测。夏洛克·福尔摩斯对系统性思考有完善的理解。有一次他说："我从来都不猜测，那是一个很坏的习惯，它会消灭逻辑思维过程。"

让我们考虑一下这个说法，逻辑地寻找我们所需的液体。

首先，我们需要易于熔化的物质。其次，这种液体应该有极高的沸点，否则当它沸腾时，玻璃表面就会凹凸不平。这种液体的密度应该比玻璃的密度（2.5 克/立方厘米）高得多，否则玻璃板就不能呆在液体的表面。

所以，我们所寻找的液体应该有如下特性。

熔点不高于 200 ℃~300 ℃，沸点不能低于 1 500 ℃，密度不小于 5.0~6.0 克/立方厘米。只有金属有这些特性。如果我们除开所有的稀有金属，剩下来的是铋、铅、锡。铋太贵了，铅的气体有毒，剩下的只有锡。结论：我们将用一个长长的、装有熔化的锡的托盘而不用传送带 —— 原子代替了细轴。这个系统已完成了向微观水平的转换，一个新系统的发展是可能的。在现实中，这项专利发布以后，有关这个设计的改善又获得了很多的专利。举例来说，如果我们给熔化的锡通上电，再运用磁铁，就能改变其表面的形状，从而影响玻璃板表面的形状。运用这个独特的想法已产生了 100 项以上的专利。

问题 44　需要崭新的想法

这是一个要用 STC 算符解决的问题。

一个公司有个非同寻常的项目，要设计一条能轮换着输送不同液体的管道。

为使不同的液体不混合在一起，要有一个分隔器把它们分隔开。有种分隔器是在一种液体吸上来后，用一个大球像活塞那样塞在管道中，再吸入另一种液体。

"这种分隔器不能保证效果，"经理说，"因管道中的压力非常大 —— 几十磅。液体会通过球渗出来而混合在一起。"

"也许我们应该考虑其他的装置来分隔液体。"一个工程师边说边拿出一个圆盘分隔器的目录。在目录里有一个分隔器是由三个橡胶圆盘做的。

"它们常常会卡住，"经理说，"主要的问题是每 200 千米就有一个泵站，当分隔器达到泵站时就要取出来，因为它不能通过泵。所以不管是球分隔器还是圆盘分隔器都不行。我们需要一个分隔器既能通过泵又能保证不同液体不混合在一起。"

突然，发明家诞生了。

"我们可以运用 STC 算符，"他提出："我们需要一个新想法，不是吗？"

一个新想法出现了，是什么样的想法？

运用 6 个问题中的第一个 —— 在头脑中将管道变小，记住不能做水平分隔，要求是不同的液体能轮换着流过管道而不混合在一起。

第 **24** 章　一群微型小矮人

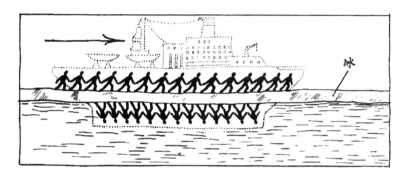

　　STC 算符是一个非常强有力的工具，但并不是可以帮助我们打破心理惯性的唯一工具。心理惯性也可能由一些词，特别是技术上的惯用语所形成。这些惯用语的存在就是要准确地反映已知事物，但是一个发明家应该打破这种已知的界限，并且从这些惯用语产生的现存的印象中摆脱出来，所以每一个问题都应该用最简单的词语重新描述出来。

　　在一次关于解决发明问题的研讨会上，发生了下面的事情。一个水手提出了要解决的问题：如何提高通过北极的破冰船的速度。这个问题被一个和破冰船建造毫不相干的工程师解决了。他在黑板上写出解答："这一物体应该自由地穿过冰，如同那里没有冰一样。"

　　我当时坐在水手的旁边，听到他气愤地说："他是个无赖。为什么他称破冰船为一个物体？"

　　工程师将破冰船称为一个物体是正确的，因为"破冰船"一词强加给你一个关于破冰的概念。也许我们能够通过冰而不用打碎它？所以"物体"的说法是很合适的，它就如同数学中的"Ｘ"一样。

设想中"这一物体"和破冰船是完全不同的，设想这个船的船身造成这个样子：在船接触冰的那一层消失了。或者，我们换个说法，船身就像一个 10 层楼的建筑物，如果去掉第七层楼，冰层就会自由地穿过那一层，船就可以不用打碎冰而运行(参看 127 页图)。

　　理想的解决是船身上下两部分不必连接，但实际的解决只能是接近理想的处理，我们从理想结果再退回一点看问题。我们将用两个非常薄、非常锋利、非常结实的支撑刀来连接轮船的两个部分。这些冰刀将在冰上切出非常窄的缝。这种方法比把冰破得像船一样宽要容易得多。

　　这个问题解决得非常艺术，但是提出问题的水手并不满意。在当时人们做了各种用高压水枪破冰的实验，有很多关于这个主题的发明："让我们打破冰。"当然"物体"通过冰但没有打破它不符合这整体的构想。6 年以后，发布了一项关于"半沉没"的船的专利。新术语出现了。接着出现了其他的专利。现在造船厂正制造"通过冰的船"。如你所见，要利用特殊的想象力和技术系统的进化法则来对想法做正确的评价。

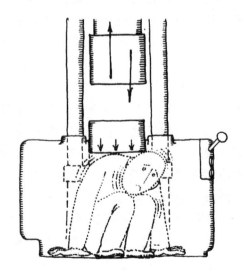

TRIZ 运用的克服心理惯性的方法看起来是纯心理性的，但实际上这个方法的目的是指明技术发展系统的方向。

　　30 多年前，一位美国工程师威廉·戈顿提出在解决问题时运用"融入设想法"。这个方法所用的技巧是让人们想象自己是系统中的一台机器，过着机器的生活，并试图寻找答案。这是用纯心理学的方法找出考虑问题的新途径。

　　我们决定测试这个方法，并且进行了许多实验，发现"融入设想法"有时奏效，但更多的时候是将人引向死胡同。当一个发明家想象自己是机器的时候，他们已经忽略了与机器的毁坏有关的想法——各零件的分离、弄碎、结冰、熔化等。对于有机体来说，这种行为是不可接受的，是不允许的。人自然会把这些概念转移到机器，虽然机器的零件是可以拆散和弄碎的。

　　用滚轴传送带为例子，在寻找解答的过程中，在我们的头脑里要将滚轴变为原子。将零件变小是机器发展的最主要的趋势，当零件更小时，控制就容易得多，机器改善的潜力也大得多。看一下气垫船，轮子减小到如气体分子般大小，船变得运动性更强，并能越过水面和地面。

　　TRIZ 运用"微型小矮人"而不是"融入设想法"。方法很简单，你只需想象一个物体（机器、仪器）是由一群"微型小矮人"组成的，这会部分地使你想起"融入设想法"。你可以通过小矮人的眼睛观察问题，这是不用你自己融入的融入设想法。在我们的想法中，减少和破坏的想法易于接受，"微型小矮人"可以分离并重组。

　　作为一次实验，一组工程师应邀用"融入设想法"研究破冰船的问题。工程师们提出了好多关于如何破冰并如何打破破冰船本身的想法。在这之后，同样的问题提交给另外一组工程师，他们要使用**"微型小矮人"模型（MMD）。**

　　这是方法 25："微型小矮人"模型（MMD）。

　　一些工程师提出了类似的想法，让这群"微型小矮人"（船体）散开并将冰块（障碍）传向两边。这组是新手，没有人将这种想法认真对待。

"我们提出这些想法完全是胡说。"一个工程师自我解嘲。

"微型小矮人"模型需要非常强的想象力。你应该想象这个物体包括很多小的会思考的生命，不是分子和原子。他们会怎么感觉？他们怎么行动？这个群体会怎么行动？如果你对用这个模型有经验的话，它将会是非常有用的思维模式。

问题 45　任性的跷跷板

一个水计量器做得像一个跷跷板（图 45-1），仪器的左边有一个液体容器。计量器一装满水就倾斜，接着水就从容器中流出，然后左边变轻，跷跷板就恢复原状。不幸的是，计量器不能工作得像要求的那样精确。不是所有的水都能流出来。

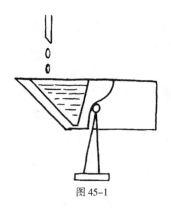

图 45-1

当液体刚一开始从容器中流出时候，这个系统就开始返回空的平衡位置（容器开始上跷），而倒出的液体就会少一些。如果我们将容器做得稍大一些，有更多一些的液体，我们还是不能达到要求的准确度，也不能保证每次都是一样的，因为有很多因素我们不能控制，要用其他方法来解决。

让我们尝试用"微型小矮人"模型。跷跷板上有男孩和女孩，女孩是"液体"，男孩是"平衡物"。容器接受了液体重量（图 45-2），左边的跷跷板降了下来（图 45-3），一旦有一两个女孩跳下跷跷板，跷跷板左边就开始上升（图 45-4），怎样才能使所有女孩都跳下来？答案是当女孩跳下跷跷板时，男孩应该向跷跷板中心移动（图 45-5），当所有女孩跳下跷跷板时，男孩就返回到他们原来的位置

（图 45-6）。

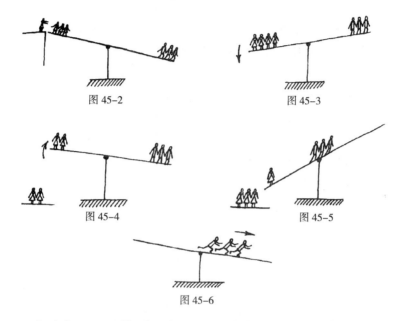

图 45-2

图 45-3

图 45-4

图 45-5

图 45-6

现在我们可以从模型到真正的机械装置。仪器也应装上一个重物能够从左到右自如地滑动。很清楚本题中这个重物最好是用滚珠（图 45-7）。

问题解决了，我们通过运用 MMD 方法得到了答案。不难注意到技术矛盾被发现和解决了。作用于跷跷板右部的力应该很小，以便液体能够从容器中流出来；又应该足够大，以使液体能够注满容器。我们可以说这个原来没有运动零件的计量器现在变成动态的了。这意味着这个系统已进入了发展的第三阶段。所以，这件事就做得很正确，取得了很好的效果。

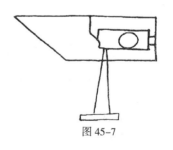

图 45-7

问题 46　和物理相矛盾

如果你旋转一个装满液体的容器，离心力将把液体挤向容器壁，这个现象常常被用于处理处在不同压力下的不同产品。设想一物体不是置于容器的壁上而是置于容器的中心（图 46-1），在这种情况下，我们如何能使液体挤向物体？这是和物理的法则相违背的。

让我们运用 MMD 方法，这里的物理矛盾是"微型小矮人"应该推物体（图 46-2），但是，由于受物理法则的制约，它们不得不推向对面那个面 —— 容器壁（图 46-3）。我们现在将利用 TRIZ 建议的方法来研究该题。

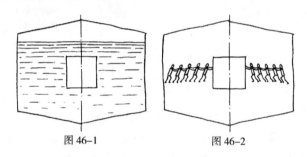

图 46-1　　　　　　　　图 46-2

我们尝试对不能组合的部分进行组合，让我们设想同时有两股相反的力（图 46-4）。不幸的是，"微型小矮人"们只是推向容器壁而不是推向物体。这意味着对容器壁的推力应该有相反的方向（图 46-5）。

我们怎么做呢？如果我们派出两队互为抵抗的"微型小矮人"就可以使施加的力互相抵消（图 46-6），就如同两队力量相等的"微型小矮人"在拔河一样。但是，没有什么能阻止在下面的队用更强壮的"微型小矮人"（图 46-7）。这就是答案。

让我们在容器中装上两种液体，例如油和水银（图 46-8）。当容器旋转时，水银会将油"推向"容器中间的物体。这是对一个看似无解的问题的绝妙的解答。

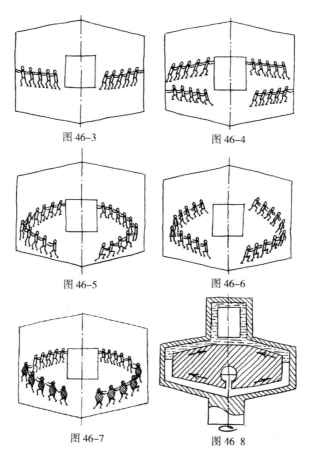

图 46-3　　　　　　　　　　图 46-4

图 46-5　　　　　　　　　　图 46-6

图 46-7　　　　　　　　　　图 46 8

　　现在来找出问题 44 关于输油管分离器问题的解答。设想你自己就是分离器，一组"蓝人"将"红人"分割为两部分，蓝人在输油管内部应该如何行动？蓝方有什么样的特性才能通过油泵？在所有输送过程结束和红方一起待在油箱中时它又该有什么样的行为？

第 **25** 章 最理想的机器是没有机器

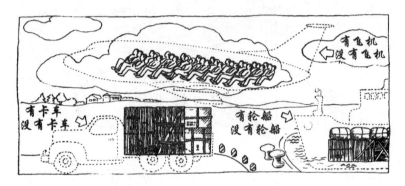

　　笨重的、破旧的、不灵活的系统应该由"轻的""似空气的"，甚至是短暂的由不同场所控制的粒子、分子、原子、离子或电子所构成的系统取代，一个理想的机器不应该很重或体积很大，**理想的机器是当动作完成时并没有机器**。所以，"理想最终结果"（IFR）是基于对技术进化系统的主要法则的应用。同时它又是一个心理方法，当人们接受了 IFR 的训练后，他就不再考虑机器原来的形状了。

　　向 IFR 的转换是非常强有力的步骤，允许你很准确地构思 IFR。现在我们还不进入细节研究。最主要的事是要求每件事都由自己来做，如同在神话中一样。

问题 47　如同在神话故事中

　　某农场在讨论新建的暖房。"总的来说情形不错，"主任说，"但是没有自动化。看看暖房的顶，它是由轻金属框做成的，里面装上玻璃或塑料薄膜，一边固定另一边可以开合。如果气温在 20 ℃ 以上，我们就要打开顶棚，如果低于 20 ℃ 就要将其合上。在一天当中暖房温度就会改变十来次，我们不能总是用手来开关暖房。"

"为什么要用手呢？"技工说，"我们能装一个特殊装置，比如说温度转换器。当温度改变时就开动马达。我们可以设计一个特殊的齿轮连接马达和顶棚框。"

"这是不可行的，"会计坚决地说，"我们有成百上千的暖房，如果都安上这种装置会很复杂并且很贵。"

"我们碰到了一对技术矛盾，"主任总结说，"我们能得到自动化，但太复杂，造价又高。"

突然，发明家诞生了。

"让我们构思一下'理想最终结果'，"他说，"听起来像是一个神话，只需一个很好的 IFR 构思和高中物理知识就可解决这个问题。"

我们如何构思有关这个特殊问题的 IFR？当提到高中物理书时发明家头脑中想的是什么？让我们共同研究一下这个问题。首先，请注意这不是一个问题，而是一个情景，从其中我们可以找出问题。

这个暖房系统非常"年轻"，它还没有变成动态的灵活系统。所以，任务是保持原有的暖房，不要改变它而只是尝试弥补它的不足之处，顶棚不能移动，植物过热。我们甚至不能考虑将暖房加以机械化，因为马达和齿轮是全新的系统。IFR 应该是"顶棚在温度高时自动打开，在温度降低时自动关上。"

一个毫无经验的人会说："这是不可能的！"但是我们清楚地知道这种奇迹是可能的。

在问题 32 关于保护高压线的问题中，铁磁环自己取得和丧失磁性。我们为什么不能和我们的顶棚订一个协议使它能够开关，就像用热场控制铁磁环一样，让它来控制我们的顶棚？这说明我们可利用物质的热膨胀，让我们拿一个铁棒……不行，解决不了。即便在高温状态下，铁棒也只会膨胀千分之一。这说明为什么我们只能利用这种特性进行微运动。在这个例子中我们需产生一个 20～30 厘米的运动。

如果我们翻看物理课本，我们能找到有关双金属片的章节，两种金属片连接在一起 —— 铜和铁。受热时铜比铁膨胀得快，在双金属片中这些连接的板块会在受热时弯曲。用这种双金属片制造的暖房顶会随温度的升高而打开，随温度的降低而关闭。

问题 48　21 世纪的轮船

在一个设计公司，工程师们在研究改善动力驳船。这项工作非常枯燥。这个项目中没有任何新颖之处，驳船就是驳船：增加更强有力的马达，获得更快的速度 —— 这就是要做的。

"为什么我们不能设计一艘 21 世纪的轮船？"最年轻的工程师说，"里面的任何部分都将是全新的。"

"甚至船身？"他的朋友说。

"甚至船身！"这位工程师回答道，"船身是第一需要改变的，因为有 1 000 年没有改变了，过去是木头的，现在是钢造的。"

"有什么区别？它仍然是一个盒状物。"第三位工程师说。

"船身将一直像个盒子。"有人附和说。

突然，发明家诞生了。

"不要争吵，"他说，"应该应用解决发明问题的理论。目前，船身是由钢制成的流线型的形状。技术系统在自身发展的第二阶段上，这意味着需要转换到灵活的船身。也许需要从宏观水平转换到微观水平 —— 建造一艘由场控制的分子和原子构成的船。我们还可以给自己提出更有挑战意义的任务。理想的机器是工作完成时没有机器。这意味着理想的船身是没有船身。但船身是存在的、工作的、运动的等。让我们用'微型小矮人'和STC算符建立一个模式。"

现在想象用一群"微型小矮人"来代替厚钢板做的船壁。在海浪影响下怎样做才能使这么多"小矮人"都待在一起？这些"小矮人"要怎样做才能增加船的速度？传统的船壁和水之间有很大的摩擦从而降低了船的速度，但是当你有一群"小矮人"，你可以给他们下命令，他们会遵照你所说的去做。

和这些"小矮人"做一下游戏（在头脑中尝试建立一个新船壁的模型），然后返回真正的技术。在现实世界中，我们怎样才能做这些"小矮人"正在做的事情？

当你解决了这个问题，再考虑下一个问题。有理想船身的船看起来是什么样子？这里你要运用 STC 算符，设想船只有分子那样大，实际上这种船并不存在。有一个分子船，货物是原子。分子如何输送原子？想象这幅画面，将这个概念转换到真船上。它应该像是有船身又没有船身。

第 5 部分

天才法则

第 **26** 章   普托斯的制服

当你第一次看到一个城镇时，有些事物使你印象非常深刻，另一些并没引起你的注意。我们探索 TRIZ 时发生同样的情况。在读了所写过的每个章节，我发现有几个非常有趣的方法还没提到。为了更好地了解这些方法，我们从研究一个问题入手。

问题 49   火车将在 5 分钟内离开

铁路货车装上了大圆木。一个检查员测量每一根圆木的直径以便计算圆木的体积。这项工作进展得很慢。"我们得让货车推迟开出，"总检查员说，"今天干不完。"

当然，发明家突然诞生了。

"我有一个主意！"他兴奋地说，"火车可以在 5 分钟内离开，比如……"

他解释了应该做什么，应该采取什么样的办法。你能提出什么？

当这个问题刊登在青年杂志《先驱者真理》上时，那些记住了要想解决一个技术问题就要消除一对技术矛盾的孩子给出了正确的答案。

下面是一些不正确的解答。

·让 300～500 人来做这项工作。

·通过观察确定一根圆木的直径的大小，数出拖车上一共有多少根圆木。

·在每一根圆木上削下一片，在火车离开之后，准确测量直径的大小。

要想得到准确性，人们需要付出将系统复杂化的代价。反过来——简化测量你就失去准确性。在这对技术矛盾之后存在一对物理的矛盾——火车应该开走，火车又不应该开走。

"某事"应该能够使火车既能够开走又能够留下来。我们可以定义一个新的发明性方法：如果测量某物本身很困难，就复制一下，再来测量复制品。

这是方法 26：复制并用复制品进行工作。

在几分钟之内，人们就可以从货车后面把所有圆木的照片拍下来。圆木拍照前固定上尺子作为参考标准。当火车离开以后，所有的测量可以通过照片进行。

有趣的是第一个描述这个想法的是法国作家大仲马，小说《三个火枪手》的作者。他的书中有一章"10 年以后"，描述普托斯是如何在裁缝处定做新装的。普托斯不同意让裁缝在量尺寸时触摸他。

剧作家莫里哀当时正好在裁缝店，他找到了一个解决这个问题的办法。莫里哀把普托斯带到镜子前，然后对镜子里的影像量尺寸。

我们还可以进一步讨论很多聪明的方法。但是作为第一次到某个城镇的旅行者，看一些典型的建筑物，走过几个典型的街道，研究城镇的地图也就足够了。

现在，你已经熟悉了几个技术系统发展的法则，也了解了 20 多个方法。我希望你还知道如何利用物理现象。当然，这只是"TRIZ 城"的一个部分，但这是典型的一部分。让我们看一看如何利用"TRIZ 地图"来观察在一个完整、统一的系统中出现的每一事物。

第 **27** 章　让我们建立问题模型

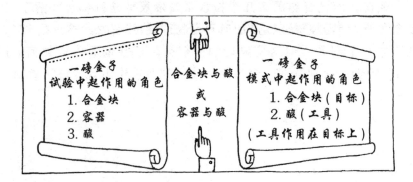

第一个**解决发明性问题的"规则系统"**——ARIZ（俄语略缩词），30 年以前就研究出来了。"规则系统"是一种系列行为的程序。在数学课上你经常运用规则系统，规则系统随处可见。

让我们看一下穿越公路的规则。你先看一下左边，如果没看到车，你就通过。到达公路中间时，你向右看，没有车再通过。

在本书第一章，我说过从问题到答案你需要一座桥，**ARIZ 便是这座桥**。ARIZ 中有 7 个步骤，每一步骤都有几个分步骤。总的步骤大约是 40 步，每一步还有几个不同的操作。在每通往下一步的过程中还有避免出错的法则。这些法则可以比做桥上的栏杆。有一个包含着主要步骤和方法的清单，还有如何运用物理效应的图表。这是一个复杂的系统，不只是一个询问"如果这样做就会怎样"的简单的规则。

ARIZ 第一部分是任务的公式化。

对此你已经了解了一些，我们讨论了何时需要解决问题（将现存系统现代化），何时需要取代一个系统（找出全新的东西）。STC

操作是 ARIZ 这一章的一个部分。我们还没有讨论另一个重要的步骤 —— 如何利用标准。

和简单的步骤在一起的还有复杂的、包含几个简单步骤的方法。简单的步骤是通用的，实际上它们可用于大量的、不同的问题。方法越复杂，它就越是和某一特殊类型的问题相联系。复杂方法有很大的威力，而且不同方法的组合可以带来有趣的和非同寻常的解答，很接近于理想最终结果。复杂方法中最强有力的称作标准。

我们已经熟悉了标准的一种，想要移动、压缩、伸展、分割——换句话说，控制某物（且此物并不会由于引入新的附加物而遭破坏），人们可加入磁场控制的铁磁粒子。

ARIZ 的第一部分提出，可以用一种标准来分析问题以决定问题是否可以解决，如果问题很典型，没有必要经历 ARIZ 的所有步骤，运用合适的标准要容易得多。ARIZ 总共有 80 个标准。

这一章帮助找出典型的问题，改变不典型的问题 —— 或是重新给它们定义。"含混的""模糊的"情形就变成了精确描述的问题。

在 ARIZ 的第二部分，问题转换成问题模式。

在一个问题中有许多角色（系统的部分）。在问题的模式中，只有两个角色。它们之间的冲突是技术矛盾。问题模式经常包括物体本身和围绕物体的环境。你也许记得问题 40 中关于矿渣的问题。物体是热的液体矿渣，环境是接触表面的冷空气。

在某种情况下，或在某种任务中，我们谈论整个技术系统。但是在模式中，我们只考虑系统中的两个部分，热的熔化的矿渣和它上方的冷空气。这就是整个的模式！鼓风炉、轨道甚至容器都不包括在模式内，只有两个互为冲突的部分 —— 这是很有意义的进步。如果不这样做就不得不分析已经除掉的不关联的部分。

ARIZ 有如何构建问题模式的规则，一个模式总有一个产品和一个工具（对产品起作用并改变它的器具）。

这是方法 27：构建问题的模式。

正确确定两个互为矛盾的因素常常带来对问题的迅速解答。让我们看一下它是如何在一个简单问题中起作用的。

问题 50　一磅金子

在一个小的科学实验室，科学家们在研究热酸对各种合金的作用。在一个厚壁的容器中摆放着 15～20 个不同的金属块。酸泼在金属块上面，然后将容器的门关上并打开电炉。这个试验进行了 1～2 周，接着将样品取出并在显微镜下观察它们的表面。

"真糟糕，"实验室主任有一天说，"酸把容器壁腐蚀了。"

"我们应该给容器再加上一层材料，"实验室的一位工人说，"也许我们应该用金子。"

"或者白金。"另一位工人说。

"不行的，"主任回答说，"我们会获得不腐蚀的容器壁，但代价太高。我已经算了一下，大约需要一磅金子。"

突然，发明家诞生了。

"为什么我们一定要用金子呢？"他说，"让我们看一下这个问题的模式就可以自动地得到另一个答案。"

你如何构建一个问题的模式？

首先，让我们查看这个问题，这里有一个系统：它包含 3 部分——容器，酸和合金块。通常人们会认为问题是防止容器壁免受酸的腐蚀。这意味着你被迫去考虑酸和容器壁的冲突，同时自然而然地每个人都尝试去保护容器壁以免受酸的腐蚀，你能设想会发生什么吗？一个研究合金的小实验室现在会扔下所有手中的项目而开始解决过去很久以来成千上万的科学家都没能解决的非常复杂的问题——如何保护钢以免受腐蚀！即使这个问题最终将得以解决，那也需要时间，也许要很多年，合金测试可是要今天而不是明天就做的事情。

让我们来运用一下模式构建的规律。产品是正在测试的合金块，酸作用于合金块。这就是它——问题的模式，容器并不存在于模式之中，唯一需要考虑的冲突存在于合金块和酸之间。

这里要出现很有趣的事 —— 酸腐蚀容器壁。我们理解酸和容器壁之间的冲突，可是在我们的模式里我们只有合金块和酸。他们之间的冲突是什么？问题现在在哪里？酸会腐蚀合金块的壁，让它腐蚀好了！这是测试的目的！这意味着没有冲突的情形。

为了理解冲突的精髓，我们要牢记我们的模式并不包括容器，酸应该待在合金块上而不需要容器。酸自己不能达到这个效果，它会洒得到处都是。这里需要消除一对冲突。我们已经由一个非常简单的任务来代替防止腐蚀的非常复杂的任务。现在简单的任务是防止接触合金块的酸洒出或溢出的问题。

不用再进一步分析就可得出清晰的答案：这些合金块应做成中空的，像是杯子那样，然后将酸倒入其中。

我们可以利用物—场分析来达到相同的答案。重力场 F_{GR} 改变酸 S_1 的形状（迫使它流向各处），但是不改变合金块 S_2 的形状。

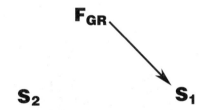

这里不是物–场，还需要另一个连接，一个箭头。

这里也许只有两个变体。

请注意，猜测给你一个答案，但分析给你两个。夏洛克·福尔摩斯有很好的理由反对猜测。

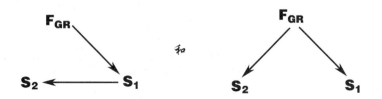

第一种变体是酸以它的重量压向合金块。所以酸应该被倒进合金块。

第二个变体是酸和合金块受到重力场相同的影响。酸和合金块都自由降落。在这种条件下，酸不会从合金块上分开。理论上讲这是正确的答案。但实际上，就我们问题的目的而言这是一个非常复杂的系统。

第28章　熟悉的窍门：有物质又没有物质

这样，ARIZ 第一部分是设计将已知问题化为公式。

ARIZ 第二部分是设计完成从问题到模式的转换。

ARIZ 第三部分是对模式进行分析。首先，确定互为冲突的两部分的哪一部分应该改变。有特定的规则可以考虑。"工具"应该改变。只有在任务条件的限制下不可能改变"工具"的时候，外围环境才应改变。

下一步是构思理想最终结果（IFR）。举例来说"酸自己和合金块在一起。"如果"合金块问题"在这之前还不清楚的话，现在一定会清楚了。这是非常简单的任务。我们只把它用作例子。在更复杂的问题中此类分析可能会更广泛一些。需要确定模式中哪一部分不能满足 IFR 所提出的要求，接着便能找出物理矛盾。

看一下出现什么？

首先，我们得考虑一个包含几个技术系统的发明性的情形。

接着我们从发明性情形中分析出发明性问题，只挑出一个技术性系统。

然后我们构建一个问题的模式，只用系统中的一个部分（系统由两部分构成）。

最后我们选出一个因素和它需要改变的可操作区间。

随着每一步骤，研究的空间都缩小了。诊断决定了有问题的区间 —— "手术应在这里进行。"

"毛病"诊断出来了。在发明性问题中我们只有抱怨：这不好，不方便，太昂贵。从诊断上，我们先转换到技术矛盾，然后转换到物理矛盾。一旦我们确定了物理矛盾和有问题的区间，就认为分析完成了。

举例来说，问题 40 中关于矿渣的问题。我们已经知道了如何从情形转换到问题。每件事物都没做什么改变，但矿渣上已经没有了坚硬的外壳。我们已经讨论了这个问题的模式：热的、熔化了的矿渣由冷空气包围着。现在矿渣是产品。这意味着我们得对周围的空气做些什么。IFR 表明冷空气应该防止矿渣冷却。这乍一看来，像是荒诞无稽的想法。但是，冷空气应该防止矿渣遭受 —— 冷空气！

让我们继续下去。哪一部分空气不能满足 IFR 要求？就是直接接触矿渣表面的那部分空气。现在我们可以看到物理矛盾。在矿渣上方直接接触矿渣的冷空气应该含有某种能保温的东西，但同时又应该是空的以便矿渣可以容易装卸。

这样，矿渣上面应该有一个特殊物质层，同时又不应该有这个特殊层。我们已经解决了类似的问题。

你可以记住一个特殊的规则：**在不能增加新物质的情况下，我们可以加入现存物质的变体作为第三种物质。**

在我们这个例子中，我们只有矿渣和空气，所以只有三种答案。

（1）运用改变了的空气：给和矿渣直接接触的这部分空气加热。这是一个糟糕的结论，它要求安装一个特殊的加热器，会污染大气。

（2）运用改变了的矿渣：用轻的、硬的矿渣球遮盖液体矿渣的表面。这会是好的保温体；但是它会引起其他的许多不便。在倒液体矿渣时，容器中也必须有某物装着矿渣球，以免被倒出去。

（3）用矿渣和空气的混合物。将空气和矿渣混在一起而得到——泡沫。这是出色的保温体。

将矿渣倒入容器中形成一层泡沫。泡沫会是很好的保温体和很好的盖子，而且很容易将液体矿渣倒出来而不用去掉泡沫盖。液体矿渣可以很容易地从泡沫中流出，有一个盖子又没有一个盖子。这个问题原则上就解决了。剩下来的只是如何形成泡沫的技术问题。最简单的方式是在往桶里装液体矿渣时加一点水。注意自相矛盾之处：为了保持热量，液体矿渣上洒上了冷水。泼上的水和热矿渣相互作用产生了矿渣泡沫。

这个问题最初是由苏联蒙哥尼托哥斯克的发明家美克尔·夏洛波夫利用 ARIZ 解决的。他的发明马上就在很多冶金厂采用了。

这个矿渣问题的解答令人吃惊的简单。我确信你能欣赏其中的"美感"。

逻辑步骤，思维的方向也许是最复杂的事情。我建议你重新阅读这个章节，沿着我们所描述的过程：从情形到问题，最后到模式——IFR 和物理矛盾是如何构建和找出的 —— 如何寻找既存在同时又不存在的物质。这是 ARIZ 中的一部分，但是如果你理解了问题是如何一步一步解决的，你就会了解 ARIZ 的意义，那么这本书就没有白读了。

第 **29** 章　如果问题很顽固

在公元 800 年，罗马教皇要给卡尔（即查理大帝）加冕。这是一个严重的问题。一方面，教皇有必要将皇冠戴到卡尔的头上，在臣民的眼里，这意味着卡尔成为经教廷同意的合法的帝王。另一方面，又不能这样做，因为这意味着卡尔从教皇那里得到的权力——教皇也可以将这权力收回。

这个问题是典型的创造性问题。卡尔找到了正确的解决办法。加冕典礼进行得很顺利。当教皇拿起皇冠要往卡尔头上戴的时候，卡尔从教皇手中接过皇冠并自己戴在了头上。所以皇冠一半在教皇手上，另一半在卡尔手上。矛盾的要求在空间和时间上分割开来。在开始时，皇冠在教皇掌握之中；在结束时，皇冠掌握在卡尔手中。

ARIZ 第四部分设计用来准确地消除矛盾。

问题的分析并不总是引向答案，即使是精确进行的分析。常常出现这样的情况：矛盾已确定并表述出来，但是去掉它的办法找不出来。在 ARIZ 第一部分，搜集了攻克矛盾的方法。

首先，提出了简单的工具——就像那些在时间上和空间上分离矛盾要求的方法。如果不能够解决矛盾，那么就得从物一场转换图中找出更复杂的工具来利用。到此时，构建问题模型的物质和场应该知道了。接下来就不难画出物一场的图，物一场图表示出如何转换物一场以求得解答。

如果问题仍得不到解决，**第四部分 ARIZ 提出另一个工具：物理现象和效应表**。该表还表明在什么情况下应该运用它。

设想我们在解决问题 37 时遇到了困难 —— 如何取代微型旋钮。在表中我们查出"微型运动"部分。这时我们发现了物理效应 —— 热膨胀、反压电效应、磁性控制。我们可以打开一本参考书找到关于这些效应的更详细的资料。

如果问题仍然很顽固又怎么办？最后的手段是用**典型方法和原则表**。

为了研制这个表分析了 4 000 多项专利并选出有代表性的专利。该表表示什么样的方法可以用来解决技术矛盾。基本上，该表反映了几代发明家的经验。它表明发明家们是如何解决你所碰到的类似的问题。

如果你感觉问题仍然不能解决，那么是开始阶段某处出了错。你应该退回 ARIZ 的第一部分。

在问题解决以后，工作并没有完成。要对答案进行仔细的、一步一步地分析以便将答案应用于新的问题。这是 ARIZ 的第五部分。进一步发展所求出的答案并应用于解决另外的问题，这是 ARIZ 第六部分。

举例来说，在矿渣问题中由泡沫做保护层的想法也可以在问题 39（传送带输送煤）中加以利用。让我们在传送带的煤上面加上一层泡沫来解决煤灰的问题。这很容易，泡沫也不会影响煤从传送带上卸下来 —— 出色的解决方案。

ARIZ 的第七部分是自我检测。这里人们将解决问题时实际所运用的程序和 ARIZ 提出的程序进行比较。有什么不同之处吗？为什么？ARIZ 在各步中有没有不足之处？为什么？我们能够在标准的清单中再加上一个新发现吗？

在 ARIZ 学校和研讨会上，每年要分析数百份书面解答。这些记录使我们能够确定学生们犯了什么错误，或 ARIZ 有什么不足之处。对这些不足之处或错误进行仔细的研究，改正后再进入 ARIZ 系统。开始时我将 ARIZ 比做一个城镇，现在我们可以说 ARIZ 是一个城镇，那里新建筑的建造是一个持续的过程。小型的新建筑已经建成，旧的建筑重新修缮，新的道路修好了。

第 **30** 章 如何成为大师

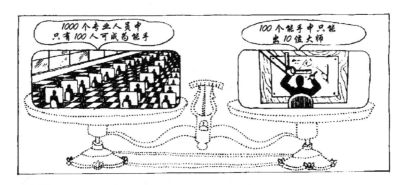

我常常不得不回答这样的问题："我怎样才能够成为发明家?"
有时人们会说："请看一下我的项目并告诉我,我能不能成为发明
家。"看到的项目通常不很成熟,但这并不影响成为发明家的能力。

当我在四年级时,我有一个想法:"如果小飞艇里面做成真空
的会怎么样? 不管怎么说,小飞艇里面的气体越少,它就得到越大
的力使自己升高。"

一个非常灿烂的想法由此而产生:如果小飞艇中有一个完全的
真空,那么会得到最大的上升力。我从来没有意识到,在这种情况
下,大气压会压碎小飞艇!

那么,怎样才能成为发明家呢?

这和如何成为作家、外科手术医生、飞行员等并没有什么不同。
任何人都有可能在任何一个特殊领域成为专业人员。首先,你要先
受教育,有为大多数专业培养人才的高等院校,如果是一个新兴专
业,你要自己教育自己。一个人是怎样在 1910 年成为电影摄影师
的? 通过实践独立地学习这个新的专业。一个人是如何在 1930 年

成为火箭技术的专业人员的？是从书上独立地学习这个专业方面的知识并和另一些有兴趣的人一起进行实践活动。1950年末预测的科学技术形成了。这些专业的人员是从哪里来的？所有这些人来自其他行业 —— 工程师、经济学家、历史学家等。

我想强调的是任何人都可以成为专业人员 —— 你只需学习专业知识，就需要这些。也许所有成千上万的高中毕业生都可以成为专业人员。实际上，这并不是真的。而且，从1 000个专业人员中，只有100人可以成为其专业的能手。

我必须再次强调，总的来说，每一个人都可以成为能手，而实际上只有1/10的人真正成为能手，因为要成为能手需要付出极大的努力。专业人员需要努力学习5～6年，一些甚至10年；一位能手需要终生学习。一个专业人员每天工作7～8小时，或许9～10小时；一位能手总在工作。有时人们会说："瞧他！他真是天才啊！什么事情到他手上都显得那么容易。"这是很奇怪的评论，**因为天才99%靠的是努力工作。**

接着，每10位能手中只能出一位大师。这里并不是每件事都依赖于这个人。首先，对大师的产品的需求从社会产生。要有人从能手设计师处订购独特的产品，从而为这位能手提供必要的挑战使其成长，发展为大师。还有另外的因素：能手活动的领域应该能够提供发展的潜力。在19世纪有很多能手设计和建造帆船。但是造船业在罗勃特·富尔顿建造了前所未有的蒸汽机轮船后，能手不久就变成了钟表匠和油漆匠。

当一个人问如何成为发明家时，他在头脑中真正存在的是如何成为一个能手 —— 或是大师。现在，你已经知道了这个答案。首先，你得成为专业人员，任何人都能完成这一步。接下来，我们再来看……

现在还没有教授如何成为发明家的学校。但是现在苏联有很多的研讨会、课程学校和公共机构等教授发明、创造。但愿这本书能够帮你起步。苏联不同的杂志刊登很多有用的信息。有关物理、化学、几何学应用的各种不同的文章激发了很多读者的兴趣。《先驱者真理》杂志上有一专页是："发明？太难了！太简单了！"这非常有用。这个题目很清楚：没有发明性方法的知识想搞发明很困难，有了这方面的知识就很容易。《先驱者真理》这个专页的目的就是要在读者中创造一种竞争的气氛和对创造性思维的兴趣。他们可以得到想要的所有帮助。获胜者得到奖品、书和其他礼物。

下面是从该期刊摘录的 6 个问题。试一试你的能力，如果你可以解决 2/3，你就很有机会获胜。

问题 51　警犬的秘密

一位白俄罗斯技术学院的雇员最近得到了一项关于玩具的第791389 号专利 —— 一个玩具警犬。这只警犬在地板上摆放的塑料棍之间运动。突然，它停在一个棍的前面并开始叫起来。不难理解它会在地板上运动。它有一个马达、一节电池和轮子。也很容易理解它是怎么发出叫声的：有一节电池和一个小的扬声器，等等。

现在的谜是要找出狗是如何在众多的棍之中找到一个具体的棍。一条真的狗是通过闻物体而达到这个目的。但是，玩具狗要有不同的办法。

什么样的不可见的标志可以放在棍内？狗又是如何发现它

的？如果你觉得这很困难，请翻开初中物理书。

问题 52　危险重重的行星

一部科幻小说描述了一个非同寻常的行星。这个行星的每种事物都和我们地球上的相似，只有一点不同，就是那里的昆虫或鸟都是以超音速飞行。我们并不想讲述为什么它们会这样，这个故事的主旨是告诉我们遭遇到这样的生物是非常危险的。飞行的昆虫和鸟会像子弹一样杀死你。两个宇航员从他们的飞船上下来差点被杀死。即使是装上盔甲的飞船也会被超音速"飞蝇"破坏。你能想象成为到那个行星探险队的成员吗？

请为宇航员提出安全措施。

问题 53　房顶排水槽和排水管里的冰柱

冬天房顶上的排水槽和排水管里积满了雪。白天一部分雪融化了，但在夜间积雪又冻在一起。毫无疑问，排水管中慢慢地形成了很大的冰柱。这种紧贴排水管内壁的冰柱有时可达数米。春暖花开的时候，阳光使排水管受热，融化冰柱的表面。最后冰柱会从排水管里滑落，撞破排水管的弯头，碎冰块还会从排水管中飞出击伤行人。

你需要找出防止冰柱下滑时损坏排水管和击伤行人的方法。

问题 54　一滴油漆是最主要的角色

一次，发明家 B.P.塔夫金发现，当漱口液滴到水面时引起一种"运动的花"效应。为了更好地观察这个效果，发明家在漱口液中增加了黑墨水。被称作 Fokaj 的发明就是这样开始的。Fokaj 是俄语"活跃液体相互作用产生的图案"的缩略词。

很容易利用 Fokaj 来制作电影。举例来说，一薄层黄色液体倒入玻璃盘，加入一滴蓝色液体。在蓝色的边缘会出现一个绿色的环。蓝色的液滴慢慢扩散，和更多的黄色液体混合，改变了颜色，而且一种捉摸不定的色彩突然出现了。玻璃盘被照亮，开始拍照。看起来很像另一行星的景色，被一种蓝色的阳光所照耀。Fokaj 非常吸引人，因为普通的液体都可以运用：油漆、甘油、液体肥皂、墨水和胶水。但同时 Fokaj 有一个缺点，不可能控制液滴的运动和色彩的变幻。摄影师不得不中断拍照，用刷子或棍子来做一些改变。这太麻烦了。我们的目标是想控制液滴在拍摄过程中在玻璃盘内的运动。

举例来说，摄影师想拍出描绘球形闪电的电影。玻璃盘装上有 2 ~ 3 毫米深的蓝色液体，这象征着天空。我们加入一滴橙色液体，它沉到盘子的底部。在这一液滴的周围出现了一个彩色的皇冠。到现在一切都顺利，我们现在有了球形闪电。问题是如何控制"皇冠"的运动。球状闪电应该旋转，有螺旋的运动 —— 或者沿着其他的途径，球状闪电有时会裂开，怎样才能分裂橙色滴？怎样才能表达爆炸效果？

你可以看出问题多么简单。我们怎样才能找到一个方法不用刷子或棍子来控制橙色滴的运动呢？

问题 55　我们可以控制聚合滴

某实验室在组装一台测试仪器，要进行一次聚合物的非常重要的测试。这个仪器是一个竖直的管子，聚合物在管的内部由上向下降落。这台仪器被打开了，但……

"关上它。"实验室的主管说，"这不行。我们需要小一些的液滴，但是我们只有大的液滴。"

工程师说："只能做出大的，一点办法都没有。"

"我们要在聚合滴降落时击碎它们。"主管反对道，"但是，我不知如何来做，安装个屏障？不，这也不行，聚合滴在降落过程中不应有障碍。"

突然，发明家诞生了。

"不要着急，我们可以控制这些聚合滴。"他说，"我们有一种物质，让我们加上另一种物质和一个场，这很简单，这个场会作用于第二种物质并在聚合滴降落时将它们击碎成小液滴。"

问题 56 钢管上的 A 和 B

有两个装置 A 和 B 由钢管连接。通常 A 装置比 B 装置温度高。管道受热，热量通过管道壁由 A 传到 B（和热茶的热量从杯传到杯把类似）。有时 B 装置的温度直线上升，但热量不应该从 B 传向 A。对管道做什么样的处理才能使热量只能单向传送 —— 从 A 到 B？

第 **6** 部分

奇妙的创造性工作世界

第 **31** 章　需要机智

　　技术问题必须在人类活动的各个领域得到解决。解决这些问题的基础往往是解决矛盾。随着时间的推移，一个解决问题的理论会在科学、艺术及社会管理领域问世。单个的理论会缓慢地汇合成为"创造性思维理论"。这将在 20～30 年发生。目前我们必须通过解决发明性问题来完善我们的创造性思维。

　　我们可以从只要求用一下我们的头脑、动一下脑筋的问题开始。这些问题不要求任何特殊的物理知识，八年级学生只要稍微动一下脑筋就能解决这些问题。

问题 57　猎人和狗

　　一次，有一位老猎人在森林里带着一条狗打猎，当狗发现猎物时就叫起来，猎人就朝叫声走过去。但是，如果猎人失去了听力就糟糕了。要想找到猎物，狗必须自由行动，不能老在猎人身边。但是因为猎人听不到狗叫，狗又必须在猎人的视线之内。这是一对矛盾。

　　突然，发明家……

不，在这个故事中发明家没有出现，老猎人饿了好多天，想找出一个办法。最后，他想出了解决的办法。

让我们尝试解决这个问题。第一，我们可以根据问题的条件画一个图："狗" S_1（箭头 1）产生一个声音场（F）——吠叫。场 F 作用于猎人的耳朵 S_2（箭头 2），猎人朝狗 S_1（箭头 3）走去。现在我们得到一个物—场，一切均好。

当猎人失去听力时，他听不到狗叫。场 F 仍然存在但它不能作用于猎人（参看右图）。物—场已遭破坏：F 不能作用于 S_2，所以 S_2 不能往 S_1 运动。我们该怎么办？

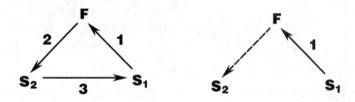

当然，让狗总跟在猎人身边是不可取的，提出用助听器也是不可能的，老猎人得不到这种帮助。

问题 58　有不在现场的证明，但是……

下面的故事刊登在《世界探索》杂志上：一天夜里有两个人被杀。一个被害者是黑帮摩根，另一个被害者是科学家李欧·兰瑟。在第一宗案子里，嫌疑犯是摩根的对手福伊特。在第二宗案子里，嫌疑犯是格里奇教授。但是，两个嫌疑犯都提供了不在现场的证明。但最后检察官宣判两个嫌疑犯有罪。问题：他们两个是如何犯了罪却有不在现场的证明？

问题 59　罗宾汉的箭

罗宾汉举箭发射，离弦的箭飞向司法长官的侦探。

"他又没有命中！"电影导演叫道，"比目标高出两米。我们已聘请了射箭冠军，但事情仍没有好转。"

"我们来做一个组合景。"摄影师说，"我们拍三次照，先是弓箭再是飞行着的箭，罗宾汉接着在侦探 3 米处射箭。我拍最后一次照，我希望在 3 米距离内，他可以中靶。接下来我们剪接影片完成任务。"

"绝对不行！"制片人喊道，"观众太了解这些花招了。这个镜头应该连续拍摄。罗宾汉射出箭，离弦之箭向侦探飞去并直射其心脏。每个人都应该看到罗宾汉是从远处发射的箭。我们需要真实性。"

"那么你们就拍一场没有我出场的电影吧。"扮演侦探的演员说着，从他的外衣里面掏出一块胶合板，"即使罗宾汉自己从这么远也射不中目标。这太可怕了，我得专心演出，可同时又不得不担心万一射过来的箭偏了一点会发生什么。"

扮演罗宾汉的弓箭手走过来，满脸愧色地摊开双手说："在奥林匹克运动会上，我从不像现在这样担心。我在最后一刻才举起弓，因为我恐怕会射中演员。"

"明天天气不好，"摄影师说，"最好是今天把这一场拍完。"

发明家诞生了。

"我们今天可以拍。"他说，"我只需用一点窍门，箭就可射中胶木板上的正确位置。"

半小时这一场就拍完了，没有人再发出任何抱怨。你想发明家提出了什么？

让我们弄清这个问题的条件：不允许剪辑胶片。罗宾汉站得远离侦探，而观众必须看到箭从远处射中侦探。在侦探穿着的外衣里面是一个箭必须射中的胶木板。这个目标不仅小，而且是可以移动的。罗宾汉看到侦探从树后走出，开始射箭。

迄今，我们已看到了一个侦探故事和一个拍摄电影的故事。现在我们再提出一个戏剧中发生的问题。

问题 60 盖思康的旗子

  有一次人们在排演罗斯丹的西哈诺·德·贝热拉克。布景布置得非常漂亮,演员也演得很好 —— 但是导演并不满意。

  "这里盖思康向敌人公开挑战,"他对自己的助手说,"旗子悬挂在盖思康上方的旗杆上。这里是战斗的中心。但是我们感觉不到这个气氛。"

  "为什么这样?"他的助手问道,"克雷诺在旗下战斗。"

  "旗子一动不动地悬挂着,"导演说,"它只像一块布,旗子应该在风中飘舞!"

  "我们怎么才能做出这个效果呢?"助手摊开双手说,"舞台那么大,我们要安装一个大风扇来吹动旗子飘舞。风扇的声音会像飞机一样。"

  这里,发明家出现了。

"当然，旗子会骄傲地像在风中飞舞。"他说。这是第 800332 号专利。

问题 61　我要去玩具店

一所物理学院安装了一台大型仪器。它的主要部分是一个 50 米高的巨型磁铁。这台仪器要求非常精确，因此磁铁非常平整且打磨得非常光滑。

但是，糟糕的事情突然发生了。磁铁光滑的表面上吸附上一两公斤铁粉。物理学家们非常担心：怎样才能把铁粉末从磁铁上弄下来呢？磁铁将铁粉吸引得那么紧，根本不可能吹掉或洗掉。如果采取刮的方式，又恐怕损坏了磁铁打磨得那么好的表面。用酸将铁粉熔化也不是合适的办法，因为那样的话，酸会腐蚀磁铁。

当然，发明家诞生了。

"我要到儿童玩具店去一趟，"他说，"我能够在半小时以内将铁粉清除干净。"

这无疑是一个物—场：两个物质和一个场，要想打破这个物—场，我们要引入第三种物质。应该考虑哪种材料？

解决这个问题的方法获得了专利。顺便说一下，四年级学生也能解决这个问题。

问题 62　天青石"弄潮女神"像

在亚历山大·格林的故事《弄潮女神》中，格尔格广场上有一尊美丽的女神像，表现一位神秘的女士在海面上跑过。有一位年轻的雕塑家想塑造一尊和故事中一模一样的塑像。塑出一位女士的雕像是很容易的 —— 一位苗条、匆忙、神秘的女士。在她脚下，雕塑家打算垫上一块天青石 —— 一种天然的青白颜色的石头 —— 使人联想起波浪翻滚的大海。

50 块天青石运到了他的工作室。他采用最有效的方法把石块做成石板：用喷灯将石块的表面整平。尖的或不平整的地方用喷灯的火焰将其熔化。但是，这项工作进展得非常缓慢，必须不时地把喷灯拿开检查一下每块石头的表面。工作还经常暂停，以免过热的天青石会裂开。

雕塑家心里很紧张。格林纪念仪式即将来临，但是"弄潮女神"在城市广场还没有竖立起来。雕塑家 6 年级的女儿提出了一个简单的方法可以将磨平天青石的过程加快 10 倍。这项工作的速度提高了很多，不用再中断了。你能想出雕塑家女儿所想出的办法吗？

问题 63　一个理想的答案

摩擦焊接是连接两块金属的最简单的方法。将一块金属固定并将另一块对着它旋转。只要两块金属之间还有空隙就什么也不会发生。但当两块金属接触时接触部分就会产生很高的热量，金属开始熔化，如果再施以很大的压力两块金属就焊在了一起。

在一家工厂要用每节 10 米长的铸铁管建成一条管道。这些铸铁管要通过摩擦焊接的办法连接起来。但要想使这么大的管旋转起来需要建造非常大的机器。管道还要经过几个车间。总工程师决定让工程师们献计献策。

"我们不能改变焊接的方法，"总工程师说，"必须用摩擦焊接法。但摩擦焊接机太大，无法安装在管道要通过的车间。"

"我们可以第一个车间停止生产，将机器、设备拆卸，安装管道后，再将机器设备组装起来，然后到第二个车间……"一位工程师说。

"这恐怕不行。"另一位工程师说，"这样会耽误很多时间，我们可以用 50 厘米长的管子焊成管道。这样一个小型的机器就可将管子旋转。我们就可不影响车间生产而安装管道了。"

"这也不行，"总工程师说，"这么短的管子焊成的管道有很多接缝，管道的可靠性就会降低。另外，我们不能改变工程计划，已决定了要采用 10 米长的管子，我们就只能用这么长的管子。"

突然，发明家诞生了。

"我可以提出一个理想方案。"他说，"这里有一对矛盾，管子要旋转以便焊接，管子又不应该旋转以免使用大型机器。理想的答案是：管子旋转又不旋转。为此我们要……"

你认为如何？

问题 64 永不失败的仪器

在一家化学加工厂有一容器装着具有很强腐蚀性的液体。工头对老板说："我需要了解多少液体从容器流向反应器，我们试用了玻璃或金属制作的不同的仪器，但它们很快就被腐蚀了。"

"现在已有抗腐蚀的金属仪器，"老板说，"我们可以订购一个这样的金属制作的仪器。"

"但这要用很长时间。"工头说。

"如果我们只测量液体在容器里的高度怎么样？"老板说。

"我们将得不到所需的准确性。"工头说，"液体在容器中的高度变化很小。只能尝试看一下。再说，这也很不方便，因为容器靠近天花板。"

这时发明家诞生了。

"我的仪器可以永远工作。"他说，"不是测量液体，而是……"

请试着解决这个问题。

第 32 章　问题答案

现在，让我们解答在前面各章提出的问题，这会使你在解决其他问题时感到容易一些。我们从问题 11 开始，油漆木制儿童家具。答案是在将树锯倒之前将树"上油漆"。将油漆溶液浇到树根上，油漆溶液和树液混合在一起，并扩展到树干。

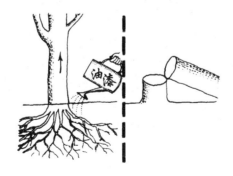

问题 13 研磨玻璃板并不难解决，将薄的玻璃板放成厚厚一叠，然后一起研磨。

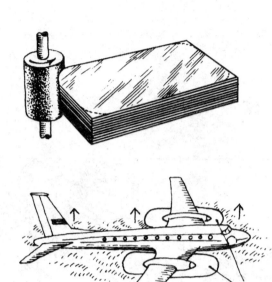

充满氦气的
橡胶袋

问题 16 关于在田间迫降的飞机。我们应该用一只飞艇，我们又不应该用飞艇。在飞机翅膀下面安装上两个充满氦气的橡胶袋子。这两个袋子将飞机缓缓升起，再把机身放在大型平板拖车上，我们就可以拖走飞机了。既有飞艇，又没有飞艇——飞机由氦气袋和平板拖车支撑。

问题 20 是关于双体船，也不复杂。如果你还记得，第三发展阶段的技术系统变得更能动、更灵活、更有机化，发明家 E.E.拉什以发明双体船而获得第 524728 号专利。它有两个船身，中间由可伸缩的杆连接使两个船体可以挨得很近。双体船能够很容易地驶过浅水区。问题 24 关于挖泥船有类似的解答。管道应该变得更有能动性——更灵活，更可移动。天气好时管道待在水面上，有暴雨时它落在水中。

问题 23 关于卡通影片，比较困难。但是你知道规则：给一物体加上铁粉可以通过磁场对该物体的运动起控制作用。我们可以不

166

用绳子，而用一个胶管中间装上铁粉。我们也可以拿一根线，将其浸入胶水，再沾上铁粉，将粘着铁粉的线放在一个薄的绝缘的板上面，由板下的强磁场进行控制。

问题 25 卡尔森的螺旋桨，该题也可以通过将技术系统转换为动态的和可变的系统来加以解决，螺旋桨在飞行时应该变长，在地面时应该变短，叶片应该用非常薄的柔软金属条制作，可以像"玩具舌"那样卷起来。在上了发条时卷起的叶片就会自动松开伸长。当停止飞行时叶片可以收回。有趣的是有好几位发明家都因与此类似的发明获得了专利。为了救落水的人，长长的胶管卷成一盘，一旦空气充进管道，它就会松开并从船上向落水人伸去。

　　问题 26 是关于摆放钻石粒。该题比前面的题目要复杂得多。钻石粒上应撒上铁粉,在磁场的控制下所有的钻石粒都会尖头冲上。这个问题和问题 57 中猎人和狗的问题类似。为使一个场能作用于一物质, 必须加入可以对场起反应的另一物质。猎人需要另一个可以对声音场起反应的物质。

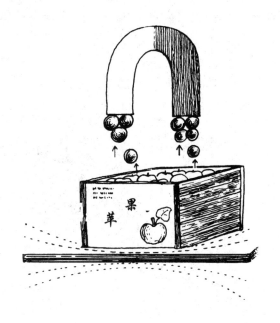

问题 27 关于包装苹果。这里我们要利用打破物-场的规则。第三个物质，看起来像水果，应该放在互相碰撞的水果之间。让我们在纸板箱中放入几十个乒乓球。这些球会减弱水果间的碰撞。纸箱放在振动的桌子上。由于乒乓球较轻，会升到水果的上面，从而减轻落下来的苹果对下面苹果的碰撞。现在的问题是："在纸箱装满苹果后，我们该怎么处理这些乒乓球？"如果用手把它们拣出来再放到另一纸箱中是很愚蠢的。你已经了解如何移动物体的方法。乒乓球内部装上铁片，纸箱上方装上磁铁。当纸箱装满后，电磁铁接通，所有的球就会从纸箱跳出。电磁铁关掉，所有的球都落在另一只空箱里。如此循环往复。

问题 38 是关于铁粉和聚合物混合的问题。这个问题和第三章关于油的问题很类似，答案是相同的，用可以在热聚合物中分解的铁化合物。

问题 44 关于输油管道，就更复杂了。管道里有不同的液体，它们是用一个橡胶球分开。让我们运用 STC 操作，让我们在头脑中将球缩小。我们可以用许多小的球或漂浮的球而不是用一个大球。有关于这类分隔器的专利。这个解答很有逻辑性 —— 一个僵化系统变得更有能动性，这和技术系统发展的自然趋势相对应。

如果我们继续实验，我们将进行从小球到更小的粒子的转换 —— 分子。现在已出现了一个新的想法：用液体或气体做成分隔器。气体"分隔器"不能分隔油，因为油能够通过气体，但是液体"分隔器"是有可能的。举例来说，一种产品是煤油，接着是"分隔器"，再接下来是汽油。

这种分隔器有很多优越性，它从不在管道或泵站堵塞。用水做分隔器也有不利因素，石油产品会渗入水，并缓慢的与之混合。在终点将不太容易将石油产品和水分开，混合有水的那部分必须丢掉。

让我们构思一个理想最终结果。作为分隔物的液体应该在终点自行与石油产品分离。只有两种可能性，或者液体变为固体沉淀下来，或者变成气体蒸发掉。

　　记着一条老原则：物质只在相似物质中溶解。石油是有机物。我们需要一个不在石油中溶解的物质。所以，分隔物应该由非有机物形成。它应该不贵、安全并且不和石油起作用。有了这些精确的特点我们可以毫不费力地在手册上查出我们所需的物质。由氨水形成的"分隔器"将保证和石油产品分隔并毫无问题地通过管道。在传输过程中，分隔物会部分地和石油产品混合在一起，但并没有实际危害。在终点，氨水会变成气体而蒸发掉，而石油产品将会存在库中。

　　在解决了"分隔器"问题后，我们可以攻克问题 48 —— 船身问题。在该题的条件下船身应该是灵活的和可移动的。让我们想象船身是液体的，看起来像是疯狂的想法。但是我们已经在固体物质到液体物质的转换方面有一些专门技术。同时用微型小矮人组成的模式也可以引向这种想法。

　　所以，我们运用液体而不用钢板。第一要避免液体洒开，应该

安装柔软的包层，也许由橡胶做成 —— 且各部分都能相连。这样船体看起来像热水袋，看起来很滑稽，但是有些发明家认为海豚的皮看起来就是这样。

这样设计建造的模型在拖动时产生的阻力小，因为较少涡流。但是，这些灵活的"皮肤"不像海豚的皮肤一样有效。海豚可以随环境的变化调整它们皮肤的形状。人造"皮肤"是"死的"，缺少运动。现在出现另一个问题：怎样才能控制这个灵活的"皮肤"的每一部分。

请注意，常常是一个问题引起另一个问题，我们必须不断地向前探索。

关于研制灵活"皮肤"的问题可以很容易解决，因为这是牵涉重新定位的问题。你需要控制在皮肤下面的液体，让我们建一个物–场，把用电磁感应控制的铁磁粒子加入液体，这项 457529 号专利是科学家而不是造船家发明的。

还存在一个问题：一艘船可以没有船身而存在吗？这种船已经存在了。你已经知道这种船 —— 木筏。它们没有船身是因为圆木本来就是货物，但在运输过程中变成了船体。美国 11403191 号专利就描述了一艘由钢盒组成的长蛇般的船。钢盒可用作容器。小"头"是一个拖船，拖着一个长长的容器组成的船体。

第**33**章 简单的规则

也许一个新手主要的错误是他想要取得结果的同时忽略了损失。以问题 33 丙烷气罐为例子，如果你不时地称气罐的重量就不难知道剩下的液态气重量。但这是非常重的气罐，所以这样做起来既昂贵也不方便。最好的答案是让气罐主动在只剩下一点液态气时发出信号。

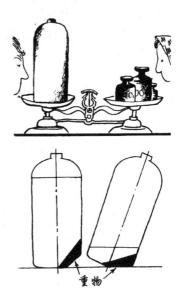

请看一下图。气罐的下层做成一个斜面，安装上一个重物。只要气罐有足够的液态气，它就会保持直立，但当液态气达到低界限时，重物会使油罐歪到一边。那么这个信号就表明剩下的气很少了。

注意这个效果实际上不用任何花费就可以办到，不必改变气罐，安装上

重物

一个装有不对称重物的木底座，普通的气罐就变成了一个能预报的气罐。

法国发明家第一个想到这个主意并在苏联得到了 456403 号专利。

问题 65　如何帮助这些工人

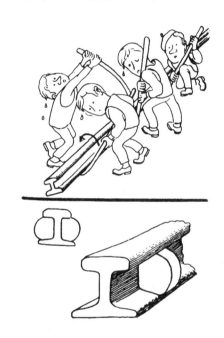

也许你曾经看到铁路工人移动笨重的钢轨。一些人将撬棍插在钢轨下面，听到号令后就一点一点地将其撬到正确的位置。这是很困难又有危险的工作。如果有一个工人注意力不集中，钢轨会将撬棍从他手中弹出。我们怎样帮助这些工人？

规则 1：在解决问题之前找出为什么出现问题

确实，为什么移动这些钢轨这么困难？因为它们很笨重？但是，同样重量的管子只用一点力就很容易使其滚动。这说明钢轨"不知道"怎样滚动。

规则 2：说明矛盾

钢轨如果是圆形的，便很容易使其滚动，但它作为钢轨只能是钢轨的形状。这里我们要利用我们的想象力。我们提出矛盾的要求——钢轨应该既保持钢轨的特点又应该像管子一样能够滚动。

规则 3：想象理想答案

把自己想象成魔术师，让你的想象力插上翅膀吧！理想解答看起来是这样的：让钢轨在铺设过程中变成——像是神话一样——可滚动的。

如果你急于解决这个问题而不考虑损失的话，答案会很简单——在钢轨两端装上两个轮子。但是要想装上轮子，你就不得不抬起钢轨从而需要吊车。你再次发现，只有那些让你达到目的而又不使系统复杂化、不增加很大花费的答案才是好的方案。

工程师 B.P.保根寇以一个简单的方案获得了 742514 号专利。四个半圆形磁铁插入器，在钢轨的两边各装上两个，使钢轨暂时变成圆的而帮助它滚动，这些插入器既容易安装又容易拆卸。

现在我们再提出利用这个规则的另外两个问题。

问题66 微生物检测仪

在一个实验室里人们检测水中的微生物。一个多孔的金属片用来收集样本。这个金属片在水中浸一下然后拿出来，在一面加上吸水纸，吸水纸将金属片上的水吸走，微生物不能通过小孔而留在另一面。金属片放在显微镜下，就可数出微生物的数目。实验室中每天只能用这种方法做 10 个分析。一天，情况有了变化，实验室每天不得不做 500 次测试。

"每个测试都要用很长时间，"实验室的主任说，"金属片应该分成 100 个条。所有的条都应该在显微镜下观测。我们要找一个不用显微镜的办法！"

"不用显微镜？"一位科学家说，"只有每个微生物都像一个硬币那么大，我们才能不用显微镜。"

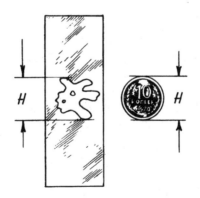

每个人都笑了起来。

突然，发明家诞生了。

"让我们用一下所学的规则。"他说。

规则 1：在解决问题之前找出为什么出现问题

我们已经确定了答案。微生物很小，这就是我们为什么不得不用显微镜 —— 非常慢的原因。

规则 2：说明矛盾

好吧！细菌很小 —— 天生是看不见的 —— 但微生物又必须很大以便我们的眼睛可以看见。

规则 3：想象理想答案

这就是理想答案：微生物在水中很小，但它一旦离开水就会变大。

"感谢你！"主任说，"现在我们能够很容易解决这个问题了。"

解决这个问题时，请记住视觉仪器 —— 投影仪、屏幕等，不能直接给你必要的结果，需要一个非常简单的装置。

问题 67　用秘密的方法上油

钢管厂用烧得通红的钢板生产 10 米长的钢管。钢管在冷却前就需要在其内壁涂上一层几毫米厚的润滑油，我们该怎么做？

看起来这个问题很简单。有可能用一个小车通过钢管并在其内壁涂上润滑油。不幸的是，这远远不是理想结果。生产过程的速度将会下降，也需要一个非常复杂的机器为钢管的内壁上油。

几位科学家近来获得一项专利。他们的发明使这个过程完成得既快又准确。

让我们和这组科学家比赛一下！想一想：为什么会出现这个问题？

这里是矛盾：给一个平面钢板上油很容易，但对一根管子 —— 非常炽热的管子 —— 是不大方便做这项工作的。但是必须给一根管子上油 —— 管子不是平面的。理想解答是给某种平面的东西上涂油 —— 不是管子也不是钢板。这个东西要能够将油转移到管子里然后就……消失。

这些规则指出了寻找答案的方向，剩余的就是你的推理了。记住，需要一个很接近于理想解答的方案。整个的窍门就在于，油涂在另一个不同的表面。钢管还在制作过程中，但油已经涂了另一张东西上 —— 比如说在纸卷上。当什么都结束时，纸就会消失 —— 烧没了 —— 而不会有另外的问题：参看 804038 号专利及问题 5、问题 15。

第**34**章 机智再加上一些物理知识

　　下面有一些问题作为练习，请记住你不应该通过猜测来寻找答案，而是用目前已经学到的规则和方法。如果你在物理方面碰到问题，参考物理课本。

问题68 打捞海盗福林特的宝藏

　　一个探险队很长时间以来一直在搜索海盗福林特的宝藏——一个很结实的、躺在500米深海底的、有一半埋在沙子里的箱子。在最初的激动平息之后，探险队成员开始考虑如何将箱子打捞上来。通常海底货物是用浮筒打捞上来。浮筒是一个封闭的金属容器，将它装满水并连接货物，然后容器中的水被压缩空气代替从而将货物带上来。

　　"金币啊金币，"探险队长沮丧地说，"我们怎样才能将这些金币打捞上来呢？我们有浮筒，但怎样连接浮筒和珍宝箱呢？潜水员潜不到那么深，我们也没有机器人。我们只有水下摄影机和一个浮筒。"

发明家突然出现了。

"让我们构思理想最终结果。"他说，"浮筒降到珍宝箱的顶部。因为我们有水下摄像机，可以毫无问题地完成这一步。我们的理想最终结果是：珍宝箱的顶部和浮筒的底部，在中间没有任何东西的情况下连接起来。不要任何东西 —— 但是有水 —— 有很多。"我们怎样才能用水连接浮筒和珍宝箱？

问题 69 艾波里特需要一个温度计

很久以前传统的医用温度计就发明出来了。一个细玻璃管里装着带数字和刻度的长板，一个装着水银的更细的玻璃管粘在板上。当温度变化时，细管中的水银或者膨胀升高，或者收缩下降。你可以看到温度计设计得非常简单，这是它的优越性。问题是很难读出管子内部水银的位置。

你记得艾波里特医生在非洲做了什么吗？

10 天 10 夜，艾波里特不睡、不吃、不喝。他在为生病的动物作治疗，并且不断地给它们量体温。

10 天 10 夜一直都在看温度计不是一件容易的工作。如果艾波里特有一个很容易看清楚的水银柱做成的温度计就好了。

你也许已经想到要将温度计的直径做得大一些。不幸的是，在粗管子中，当温度降低时水银柱就会自行下降，这对于医用温度计是不能接受的。

所以，考虑设计一个新的温度计，原来温度计的所有特点都应保留，但水银柱应该更容易看到。

问题 70   帮助警长

钻石

这是一篇侦探故事的节选。

"你被逮捕了。"警长对罪犯说,"你要受到法律的惩罚。你想逃跑,对不对?丘比特钻石是一个诱人的猎物。我们有证据将你逮捕。即使是你已将钻石切成了小块也只能是增加你的罪过。"

"不要着急嘛,长官。"一个罪犯说,"丘比特钻石丢失了吗?我只能表示我们的遗憾。因为我们并没有这块钻石。我们有的只是五块小的钻石 —— 是从我们的祖母那里继承下来的。"

"再正确不过了!"另一名罪犯笑着说,"科学地看待一下这个问题吧!重量不同,形状不同,只有颜色是一样的,有很多白色钻石,化学成分是一样的。每颗钻石都含有碳。看来你不得不放了我们。"

请帮助警长揭露罪犯的真面目。

问题 71   失重状态下的咖啡

在一个太空故事中,一名宇航员决定做咖啡。

他考虑在失重状态下怎样才能做出咖啡。"这很容易，"他想，"我接一些水将其磁化，接着用一个带长把的金属杯——就这样办！现在可以从磁性杯子里喝土耳其咖啡了。"

你认为怎么样？他这样能否做出咖啡？你有什么建议？你怎样在失重状态下煮咖啡？请记住必须是安全、简单的方法——当然咖啡尝起来得有咖啡的味道。

问题 72 构建物—场

在一个工厂里，挖沟的工人发现了一条管道。

"管中的液体是往哪个方向流动的？"他们问道。

他们用不同的方法敲击管道并俯身倾听，但是他们不知道里面的液体是往哪边流动的。"我们要将管道锯开，"工程师说，"现在我们无法可想。"

发明家当然又一次诞生了。

"你为什么要锯开钢管呢？"他纳闷地问，"我们要做的是完成构建物—场，现有两个物质，管道 S_1 和里面的液体 S_2，需要增加一个场。"

这是一个简单的解答，但为此得到了一项专利。

问题 73　让我们请来消防队

收音机预报霜冻要来临了。

"这将是场灾难。"农场的经理说，"我们的实验地怎么办呢？我们那里有需要温暖气候的植物。"

注意！
气温就要
降到冰点以下！

"这片地那么大，我们既不能用薄膜覆盖它，又不能给它加温。"农业学家说。

发明家诞生了。

"你需要大面积保温吗？"他问，"请来消防队，我有一个主意。"

你认为他为什么要请消防队？

问题 74　它自动关闭

一次展览会上展出了一把电焊枪。当它过热时，枪就会自动关闭。

"这支枪是如何工作的？"一个参观者问。

"也许有一个传感器测量着温度。"另一个参观者说，"在过热时传感器发出一个信号，一个特殊的继电器将枪关闭。"

突然，发明家诞生了。

"没有传感器，也没有继电器。"他说，"枪自动关闭，窍门是……"

问题 75　贵重的电容器

在高中物理书上，画出了不同的电容器。最简单的是由两片金属片和一个绝缘体 —— 比如空气所组成。空隙越小，电容的功能就越强。学校用带有可动金属片的电容作为实验装置来演示这个效果。金属片的移动由微型旋钮来调整。

"这很糟糕。"工厂主任说，"金属片不贵，但是微型调节旋钮将会很贵。"

"我们该怎么办？"总工程师争论说，"实验需要金属片有非常精确的运动。"

发明家诞生了。

"电容器可以不那么贵，为达目的我们需要……"

发明家提出了什么？

问题76 我看到一幅滑稽的画面

在一家皮革厂，毛皮的加工必须要改善。在加工过程中，毛皮在特殊溶液中洗净，再用水清洗，然后在暖风扇下吹干。问题是气流将皮毛的梢部吹干而形成一层硬壳。在硬壳下面仍然有不少水。工程师改变温度，改变速度，但是没有得到什么改善。

发明家突然诞生了。

"我在一家杂志上看到一幅滑稽画面。"他说，"一个理发师让他的顾客读了一个很吓人的故事。顾客的头发直立起来，理发师很方便地工作。"

"你说这些跟我们的毛皮有什么关系呢？"一位雇员不解地问，"你认为我们的员工应该读恐怖故事或者看恐怖电影吗？"

"不，事情其实很简单。"发明家回答说，"如果你运用一个特殊的物理效应，毛发就会直立起来。"

发明家在谈论哪种物理效应？

问题77 秘密的另一半

研究不同类型降落伞的工程师做了一个小降落伞模型并把它放入玻璃管中。水流通过玻璃管，工程师研究模型的运动和涡流的形成。工作进行得不太顺利，因为很难在无色的水流中看清无色的涡流。我们如果在水中加一些墨水呢？但是深色水中的深色涡流也好不到哪儿去。有人提出把模型涂上一层很薄的可溶颜料，结果是只在很短的时间里有效。在无色的水中，有色的涡流清晰可见。但是 10 分钟后，模型上的颜料就完全消失，测试不得不停止。当工程师为模型涂上厚厚的一层颜料时，这层厚的颜料使模型变了形，测试就没什么意义了。

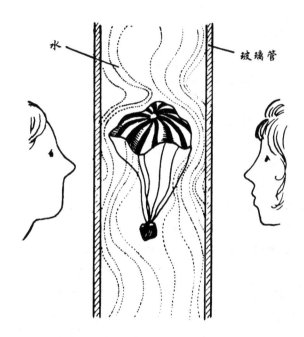

"颜料应该由模型内部出来。"一位工程师说，"模型伞的吊伞索太细了，我想不出怎样才能做一个让墨水通过的渠道。我们知道有人可以在一粒大米上作画，也许我们需要找到这样的人。"

"你能想象要做这样的模型得用多长时间吗？"另一位工程师笑道。

这时发明家诞生了。

"让我们想象一下，"他说，"这里是一段我们模型的吊伞索。它没有颜料，模型的形状也没有损坏。让我们将这节索浸入水中，在索的表面，像是在神话故事中一样，就出现了一层颜料，当水把这一层冲掉后，就会发现另一层。这是理想的方案，一层又一层。"

"这不可能。"工程师说，"颜料从哪里来？"

"从水中，"发明家说，"只有一个来源，当水和吊伞索接触时，它就产生一种颜料，或一个和水颜色不同的物质。这是秘密的一半，另一半是如何实现这个方案。"

试着自己解决一下这个问题。

问题 78 花瓣执行命令

很久以前，从早到晚都有蜜蜂和其他传播花粉的昆虫在田间飞舞。但目前由于用了太多化肥把这些昆虫都赶走了。

有人想用强风来代替蜜蜂，让风将花粉传给一朵朵花。一家工厂做了一架大型电扇，拿到田间将其打开。现在有了风，但是没有花粉——由于风的原因，花瓣都闭合了，将花粉藏在里面。

"这是可以理解的。在百万年的进化过程中，植物演变出风吹时它们就闭合花瓣的反应。"科学家说，"我们提供的风对花来说是坏天气将来临的信号，植物不能理解我们是在设法帮助它们。"

"我们该怎么办呢？"一位同事说，"我们也不能培育新的植物，那将花很多时间。"

这里，发明家又一次诞生了。

"让我们用一下我们熟悉的物理效应。"他说，"当风吹的时候，花瓣总是开着的。"

你知道发明家头脑中想的是什么吗？

第35章 学会发明

　　人类的历史从发明开始：随着第一个石头工具的发明，现代人 ——会思考的人——就在地球上产生了。

　　不可能计算出从那个时期以来已经产生了多少种发明。比如说，我们不知道谁发明了帆船——人类最有意义的发明。这项发明经过上万年留传下来并将和我们共存下去，现在已经有了带有太阳能帆的太空船。

　　你能想象那个发明家第一次航行时的感觉吗？也许那是个阳光明媚的有风的日子。一股风鼓起了编织粗糙的风帆，带动木筏第一次颤颤抖抖地驶离了岸边。历史上的第一个水手开始屈身和尖叫。阳光在海浪上闪烁，但这位水手一点也不在意。他的心脏在剧烈地跳动，他对这艘木筏将在什么地方靠岸一无所知，但再想退步抽身为时已晚。这并没有关系——这是个奇妙的、疯狂的历史时刻，风第一次为人类工作，木筏吱吱嘎嘎地乘风破浪。

　　发明的发现、测试和运用总是和探险分不开的。解决技术问题需要灵活的头脑和勇气。

顺便说一下，一个技术问题，有时会比所有的级数问题都复杂难解。

　　如果今天你寻找对人类有用的探险，就来进行发明吧！

　　在技术发明中你会经历很多迷人的探险 —— 多得足以充满你今后的生活。你最好是在很年轻的时候就开始为这种活动做好准备。越早越好，就如同在运动方面一样，所以不要浪费时间。

　　我祝你成功！

发明与发现的注释

发明需要有 4 个特点：它应该是一个问题的技术性解决；它应该是新颖的；它应该基本上有别于任何已知的结论：它又应该产生有用的效果。

举例来说，驯养动物的一个新方法不是发明，因为其中不存在问题的技术解决。有 4~5 个轮子的自行车也不是发明，因为这样的自行车在上个世纪就有了。

让我们把画笔和铲子结合起来，看起来像是一个新东西。但画笔和铲子在以原来方式工作。

这种新的结合并没产生出新的特性。如果没有新的、有意义的或明显的新的特性，就不是发明。

现在你可以看出在一个想法被认为是发明以前要通过四步严格的测试。专利申请由专利检验官审批。苏联每年注册 10 万项以上的专利。

发明经常会和发现混淆。发明只能是以前从未存在过的事物，比如第一架飞机是一项发明。

发现是找到在自然界已存在的但并不为我们所知的事物。重力不是发明而是发现，牛顿定律、欧姆定律、水分解为氢和氧，等等，都是发现。

从 1959 年起，在苏联已开始注册发现。现在，已有 300 项发现注册。你可判断下述各项是发明还是发现：

（1）车床
（2）将铁炼成钢
（3）物体惯性
（4）钟摆摆动和其长度的关系
（5）一个钟摆

第**36**章　发明家的索引卡片

儒勒·凡尔纳

　　建立索引卡片？儒勒·凡尔纳没有将他的想法申请专利，他只是在他的小说中加以描述。为了发展他的技术和科学知识，儒勒·凡尔纳——从青年时代开始并持续一生——从书上、杂志上、报纸上搜集新的科学和技术信息。他的传记作家说他的索引卡片拥有2万项以上关于技术、地理、物理和天文学方面的信息。

　　今天，很多发明家保存他们自己的索引卡片。这些卡片记载着关于物理、化学、地理等方面的知识。也有对于成功方法和发明窍门的描述——关于新资料的信息，换句话来说就是能够导致技术问题解决的所有信息。

　　索引卡片慢慢地积累而且在寻找新的想法时很有帮助。有时，一个早已遗忘的卡片，可以立即帮助解决一个非常复杂的新问题。

　　在我的索引卡片中有一张记着一段从一本100年前的书上摘抄下来的文字。这本书题为《世界的魅力》，出版于1886年。

　　下面是从这本书上摘录下的一段。

98 号，电力作用下马上绽开的花。

魔术师拿出一枝新剪下的花蕾（一枝在花茎下封了蜡的玫瑰花为最佳选择）向观众展示以便证明花蕾里面没有其他东西。接着他将蜡去掉，顺着花茎插进一段细长的铁丝，然后把花茎插在桌上的一个洞里。同时他向观众描述他所做的每一步，以便让每个人知道花蕾没有变化。

然后，他给他的助手打了个手势，助手将铁丝接上电池，电流通过铁丝传至花蕾。在电力的强力作用下，花蕾在目瞪口呆的观众眼前迅速地绽开。

一百年以前，这看起来就像是超级魔术。但是今天，在物理课上，我们学到充上同性电的物质互相排斥。那位魔术师就是给花瓣充上了同种电荷。这就是所有的窍门！

但是，这一个简单的窍门解决了问题 76 和 78。毛皮上的毛在充上相同电荷时就会直立起来（56347 号专利）；而且，充上相同电荷的花瓣会不顾风的袭击而绽开。这就是由老窍门帮助解决的现代发明。

发明家倾听"脉搏"

我们如何在滚珠轴承正在工作时判断滚珠上是否有裂痕？"健康"的滚珠有一种振动频率——这可以事先测量，有裂痕的滚珠有不同的振动频率。

在过去几年发布了许多相似的发明专利。以前，金属传动带的研磨过程不得不被中断以便测量它的厚度。现在，当它被放在酸溶液里处理的过程中，可以持续地通过测量振动频率而测量厚度。

医生通过给人诊脉来判断身体的状态。振动频率就如同脉搏——它告诉你机器中零件或机器的整体状态，当长度、质量、压力等等变化时，频率也发生变化。

对诊脉一无所知的医生不是一个好医生。

现在有一个简单的问题：一个钻杆钻入地下，我们如何知道它在地下的稳固程度？

球、水和奇思遐想

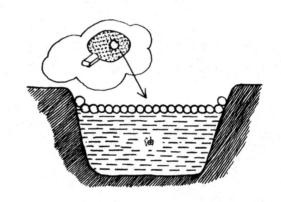

很多国家的人们都考虑如何减少敞开的油库中油的浪费。确实，夏天太阳给油库加热，很多油被蒸发掉了。看起来可以用一个漂浮的"盖子"来使油免受损失。这个"漂浮物"应该随油面的下降而下降。但问题是油库的壁不是平直的。这就引起了漂浮物和油库壁之间的间隙，这种间隙使油蒸发。人们又设计了具有可变边缘的盖子，但这种盖子既复杂又昂贵。这里便出现了技术矛盾，减少油的浪费使盖子的建造复杂化。一个非常简单的答案突然出现了，用许多比乒乓球还小的漂浮的球覆盖油库中的油面，这些小球可以很可靠地覆盖油面并在与油库壁的连接处不留空隙。难道这不是一个非常聪明的解答吗？

发明者的机敏就表现在他能够用简单的方案解决复杂问题。设想一个加工厂给金属零件镀铬或镀镍，零件要放入大型容器中浸泡，但溶液是一种有毒的液体。我们该怎么办？加上盖子？但是零件不停地放进拿出，加盖将干扰这个过程。这里又出现了矛盾。这和前面遇到的问题类似，也可以用同样的方式解决。你也许已经想到了。

这个容器应该用一层漂浮的小球覆盖起来。这层盖子会防止液体溅出来。

近来，一家钢厂要生产厚钢板，在生产过程中钢板需要移动和翻转。如果钢板 1.5 吨重、6 米长，如何将其移动和翻转？浮动的球又一次帮助解决这个问题。因为每一个球只能承担一定重量，要用很多球，而且球的大小可能不一，这样它们就能承重更多。这就是浮动传送带的想法是如何产生的。这种传送带的简单性使我们感到吃惊。水从水槽中流下，空心金属球漂浮在水面来承担重量。这些球将重物传送，这就是全部的过程。

袋子+空气

我们怎样才能用火车运输易碎的玻璃器皿？20 年前，发明家建议用塑料袋解决这个问题。产品放在充气袋子中运输而安然无恙。"袋子+空气"是一个非常简单而方便的方法。毫不奇怪发明家开始在遇到避免两物碰撞的问题时开始运用这种方法来解决不同的问题。气袋得到了运用 —— 409875 号专利。一种大功率的电器开关要摆放在一起也运用了气袋 —— 美国专利 3305652 号。甚至笨重的固定骨折的石膏也由"气袋"代替了。

现在的问题是：我们能改善气袋吗？

你知道一个非常有效的方法：给某物加上铁粉，用磁铁或电磁铁对其起作用。

最近，又产生了一个新的发明（534551号专利），气袋内部装入铁粉，气袋外用电磁铁对铁粉起作用。气袋就拥有了新的特性。现在还有可能调整气袋内的压力使之适当地挤压物品。起初，新型的气袋只是用来在研磨过程中托住零件。可以设想，发明家们将磁化另外种类的气袋。

源于自然的发明

一个在地球内部运动的机器装置看起来是什么样子？这个问题刊登在《先驱者真理》杂志上。

这里是一个典型的解答："用一辆拖拉机，在其前部安装上铲子把土层挖开。"这个装置运行一两米就要挖出很多土。拖拉机太大并不是设计用来在狭窄的地方运行的。专门用途的机器不能在不同的环境下使用。另一些人又提出带翅膀的地下车辆的设想。

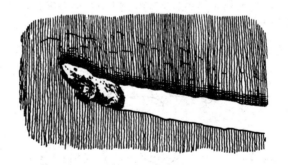

在所有地下车辆的设计中，机器都是把土从车前移向车后。穿山甲——一个活的地下机器，是以不同的方式工作的。穿山甲在它身后留下一个隧道以便很容易地返回。大约20年前，工程师特里比列夫在设计地下车辆之前进行了一项观察穿山甲的实验。他发现穿山甲总是用头将土拍到隧道的壁上。几年前，苏联工程师得到了"人造穿山甲"的专利。在这个机器的前部，他们安装上一个切土锥体，不仅将土切下来，并且将土拍到隧道壁上。

如你所见，发明家不仅应该了解技术，也应该了解自然。

回避阿基米德定理

当艾力克斯·普什金来到技术创造性学院时，招生委员会感到很为难。问题是应不应该将一个初中学生接收到一个工程师和其他专业人员组成的班里。

艾力克斯已经学习了两年技术创造性方法，他解决了很多的问题，而且了解专利基金。他很快就因为用新方法解决了一项技术问题而申请并得到了专利。

这就是他的发明：设想注水容器中有一漂浮物，这一漂浮物支撑着机器的一部分。根据阿基米德定律，浮力和漂浮物排开水的重量相等。如果我们需要将浮力提高 10 倍该怎么办呢？没有可以将漂浮物加大的空间，即便是有，浮力也只能增大 2~3 倍，应该回避阿基米德定律。但是怎样做才行？

艾利克斯发明的想法是如果将铁粉加入水中并用磁场对水起作用，水的重力就会增加 10~12 倍。由于这项发明，他得到了技术创造性学院的文凭。

阳光抚摸着翅膀

有一些发明的命运使人想起安徒生的童话中的"丑小鸭"，它们受到反对，遇嘲弄，遭白眼……

第一艘横渡大西洋的蒸汽船只航行了一半多一点的航程。船上既没有乘客也没装货物，所有的空间都装着煤。即使如此，也没有足够的燃料航行全程。各大报纸写道："横渡大洋的蒸汽船是一派胡言。船只能运载它自己的燃料。"

第一个真空吸尘器生产于 1901 年，一辆马车才能装下它。这部新奇的机器到了一户人家里，工人将管子松开并将它拉到房间，他们刚打开机器开始清扫，就会有一大群嘲笑的人聚在周围朝着机器扔石头……

第一个怀表是那么重，你不可能揣在口袋里。表的主人常常雇了搬运工来抬着这座表，这情景引起很多嘲笑。

第一部太阳能引擎刚刚能带动一台小型印刷机。阴天时，报纸就印不出来。这也引起了很多玩笑、讽刺和嘲弄。用太阳能是错误的吗？现在，太阳能可带动很多装置，包括宇宙飞船。

判断新机器不应该只看它的外观，而是看它的创意。时间会推移，"丑小鸭"会变成一只美丽的天鹅，并且如同安徒生所说，年长的天鹅会在它面前低下头来，阳光会抚摸它的翅膀。

裹着虎皮的船

一位发明家 G.苏夏金，提出将轮船的外部裹上虎皮，以减少船与水、船与空气之间的摩擦。请设想停泊着这种船只的码头，远洋轮裹着"豹子皮"，快艇裹着合成"虎皮"，大型油轮裹"熊皮"。

设计赛艇时考虑到以上想法会很有意义的。

海洋需要保持清洁

德·海耶德尔很吃惊地在他的航行中看到贯穿大西洋的污染，有时看到油渍沿着地平线延伸。大约 1% 的航运油洒向大海 —— 数百万吨。发明家花费了很大的精力解决这些污染问题。人们尝试着将这些油烧掉，或用巨大的海绵状塑料来回收这些在海面上的油，一个最有趣的方法是用磁粉洒在油上，由此产生的混合物因为具有磁性，可以用大型磁铁将其收集起来。

今天，油轮在不断增大。最近，一艘 50 万吨级油轮出了事故，幸运的是它是空的。

如果它是装满了油的该怎么办？我们怎样才能回收这么多油？仍然没有令人满意的答案。发明家在继续研究。

神话虽不真实，但确实包含一些提示

看起来，渥伦哥尔船长讲的故事是绝对不真实的。但如果你仔细研究，就可以找到一些创造性想法的火花。就像在拜伦·曼乔森故事中那样，在《格列佛游记》《艾丽丝漫游奇境记》以及《小王子》等书中都有很多创造性想法。

作家编出非常离奇的故事，有时他们营造出一种绝望的局面让他们的主角通过这种或那种方式找出解决办法。漫画书不仅能使我们发笑，而且还可以教会我们如何想出办法从可能遇到的困境中解脱。

你记得渥伦哥尔船长在加拿大的遭遇吗？他要乘雪橇到阿拉斯加，一个称作"倒霉蛋"的团伙给他买了一头"鹿"和一只"狗"，但他发现"鹿"是牛，而"狗"却是狼。渥伦哥尔用一种奇妙的方法解决了这个问题。他将牛和狼一前一后套在雪橇上，受惊吓的牛拉着雪橇快速奔跑。

拜伦·曼乔森也遭遇过类似的故事，他当时被一头狮子追逐，迎面又遇上一条鳄鱼。曼乔森想出了一个绝招让这两个凶恶的家伙在两分钟内摧毁了对方。

在发明性理论中，这种方法叙述如下：

有害的因素可以以某种方式结合从而使其害处相互抵消。

我们可以给出一个例子来支持这项法则：

医生想要除去病人皮肤上的红色胎记，他试了几种方法均未成功。他转而利用渥伦哥尔和曼乔森的法则去解决这个问题。他在皮肤下注射一些绿色染料，在和红色胎记的相互作用下，红和绿变成了自然的颜色。

一物二用

好的发明家有他自己的创造性特色。渥伦哥尔就具备这种特色。渥伦哥尔的大多数窍门是由一物二用而产生的：救生圈代替马

轭，灭火器代替与蛇搏斗的枪，甚至松鼠们可以代替机器。

　　要使一物做双重工作是一个非常有效的、广泛应用的创造性方法。当苏联人制造"威尼斯–12号"太空飞船时，在最后一刻他们需要再增加一个6公斤重的装置。设计师连听都不愿意听，因为飞船的每一公斤都已经精确计算过了。但还是找着了一种答案——就是渥伦哥尔船长曾经用过的一物二用的方法。

　　沙子或水装入不载货的返航的飞船上使其平稳航行。渥伦哥尔有一次用土作压舱物。同时，这些土又能够作为生长棕榈树的土壤，棕榈树又可用来做船上的桅杆。

　　同样的，在"威尼斯–12号"太空船需要有压舱物来控制飞船的降落方向。上面提到的6公斤的装置就安装上来代替压舱物，它可同时作为仪器和压舱物而起作用。

从篱笆上倒立翻过去

　　你记得当艾丽丝通过镜子遇到世界上奇怪的骑士的情景吗？

　　"我发明了一种翻越篱笆的新方式，"骑士说，"你愿意听我告

诉你吗？"

"请吧。"艾丽丝有礼貌地说。

"我是这样想到这个主意的。"骑士接着说，"我认为最困难的是提起腿来。其实，人们的头已经在篱笆以上了。如果我们在篱笆上倒立，我们的腿就会在上面，对吧？下一步，你就到了篱笆那边。

艾丽丝不相信骑士——他充满了奇思怪想。可这种奇怪的翻越篱笆的方法也是非常有趣的发明。苏联发明家 G.P.卡提斯和 L.P.梅可尼陈科用同样的原理设计了适于所有地形的车辆。这种车辆有两个由框架连接的车厢组成，一个车厢在另一个车厢的上部。当车辆遇到障碍时，它就将上部车厢放在障碍之上。如同骑士所说，这一步并不难做。现在货物通过框架由下边车厢倒入上面车厢。下部车厢再被举到框架上部，车辆继续前行。

发明家需要科幻小说吗

一天，《先驱者真理》杂志的编辑收到一封信，说学生对应不应该看科幻故事进行了激烈的辩论。很多学生说这是浪费时间，因为这些故事都不真实。这种意见非常普遍——但这是错误的。科幻小说的作者试图预测未来，即便这是遥远的和不真实的。他们曾经描述飞机、潜水艇、电视，还有更多的地球上不曾有的东西。科幻作家们写出关于太阳系的旅行，关于机器人，关于人类身体重组等故事。今天，很多这些想法已变成了现实，科幻小说是照亮未来的火炬。

现在的学生将生活在未来。科幻小说中当然有不真实的地方，即使这样也非常有用，因为它可帮助学生发挥想象力而且教会我们自由地思考。人不可能通过大炮飞向月球。但是，苏联火箭专家康斯坦丁·契诃夫斯基写道，关于火箭的最初的想法是在读了儒勒·凡尔纳的小说《从大炮到月球》后而产生的。要想做出真正的发明或发现需要幻想。

头脑的力量

　　幻想体现了思想的灵活性。当代发明家需要读科幻书籍，因为这些书减少人们的心理惯性，提高想象的力量。可以用这本书中所描述的方法来发展幻想：STC 操作、微型小矮人模式以及理想最终结果。

　　我们生活在一个"技术革命时代"，这场革命的重点并不在于新机器的出现 —— 这以前已出现过了。设计新机器的方法在改变，有组织的思考方法代替混乱的思想方法。思考过程的每一步应该像飞行员驾驶飞机一样精确。

　　在人类的初期，人们征服了火。现在我们要学会征服更大的领域：用头脑的力量去洞察未知的将来。

附录 1　问题的答案

1. 打碎还是不打碎

用"电晕放电"效应来测量灯泡内部的压力。

2. 巧克力中的窍门

将果汁冷冻后在融化的巧克力中蘸一下。

3. 我们该选什么地方

利用水平仪。

4. 不合作的"A"和"B"

给液滴 A 加上正电，液滴 B 加上负电，这样它们就能互相吸引而变成大液滴。

5. 自行消失

用干冰，当干冰将零件清理干净后自行蒸发掉。

6. 有一项专利

将胶管冷冻后再钻眼。

7. 你是什么样的侦探

装油前先在油罐内挂上一只桶。

8. 火星车

在轮胎里装上石头或钢珠。

9. 一物多用

将液滴分成两股，一股充正电，一股充负电。

10. 将水变软

在水中充上气 —— 充满气泡的水。

11. 永不脱落的油漆

给树浇上加了染色剂的液体，使颜色进入树木的细胞。

12. 屏幕上的金属滴

每秒开关第二个电弧 24 次。

13. 既厚又薄

暂时把一些薄玻璃粘在一起研磨。

14. 如何走出死胡同

把钢板放进电磁感应炉内加热，钢板内部的温度就会比表面温度高。

15. 顽固的弹簧

用干冰把弹簧冻在压缩状态，然后放进仪器里，干冰会挥发掉。

16. 紧急降落之后

把橡胶袋放在飞机翅膀下面，然后充满轻的气体。

17. 小甲虫的体温计

把小甲虫装满杯子，然后用普通温度计测量。

18. 反过来考虑

用很多细玻璃棒组成过滤器。

19. 不用心灵感应的解决办法

在油箱里放一个小浮标。

20. 是双体船又不是双体船

它有两个船身，中间由可伸缩的杆联结。

21. 法则就是法则

可以增加不同变体。一种方法是利用两个摆锤来产生难以预测的摆动。

22. 通用田地

将铁粉和土壤混合后用磁场进行控制。

23. 等着，兔子，我来抓住你

用磁性粉并用磁场来控制。

24. 不管有什么风暴

将管道降入水中。

25. 卡尔森的螺旋桨

用可卷曲的薄金属片做成可伸缩型螺旋桨。

26. 上万座金字塔

用磁粉和磁场。

27. 一台几乎完美的机器

用内部装有铁片的很轻的球放在包装箱里。

28. 独一无二的喷水池

系统的联合。有薄雾或泡沫效果的喷水池。我们要控制气泡的大小。

29. 它会永远工作

在拐弯处的外部安装上一个磁铁,产生一层用钢珠形成的保护层。

30. 超精确阀门

用热膨胀效应进行精确调整。

31. 让我们放眼未来

用压电效应、磁致伸缩等。

32. 高压电线上的冰

在高压线上安上能够引起电磁感应的磁环。

33. 气罐有礼貌地报警

给丙烷气罐上装上一个在气体快用完时能使气罐倾斜的装置。

34. 风从哪里吹来

用肥皂泡。

35. 由需求产生的发明

用"电晕放电"效应来控制电线的直径和形状。

36. 1℃之内的精确度

将谷物和居里点为65℃的磁粉混合。

37. 把旋钮抛开

热膨胀、磁致伸缩。

38. 简单一些的东西

将铁粉和聚合粉混合。

39. 传送带上的粉

用重油或泡沫。

40. 停止猜测

用水浇到热矿渣表面结成一层泡沫盖子。

41. 让我们讨论一下这个情况

用熔化了的锡所形成的托盘来支撑热玻璃板。

42. 雨并不是障碍

用两个气袋遮住货舱口。

43. 由专家进行调查

用钢的磁性记忆。

44. 需要崭新的想法

用氨水做石油液体分隔器。在最后一站的油库中，氨水将自行蒸发掉。

45. 任性的跷跷板

将这个装置做得更具动态性，用滚珠做成可移动的平衡物。

46. 和物理相矛盾

用两种物质，一个比另一个重。

47. 如同在神话故事中

用双金属片来控制天窗的开关。

48. 21世纪的轮船

用混有磁粉的液体制成像水床一样柔软的船外壁，并用磁场控制。

49. 火车将在5分钟内离开

从车后将圆木拍照，按比例尺来测量圆木的直径。

50. 一磅金子

把测试样本做成中空的立方体，将酸溶液倒入其中。

51. 警犬的秘密

在一根棍子里装上磁铁。

52. 危险重重的行星

研究这个非同寻常的行星上现有生物是如何保护自己的。

53. 房顶排水槽和排水管里的冰柱

为构建物一场我们需要一个工具：提前在排水管里放一根绳子。

54. 一滴油漆是最主要的角色

在完整的 F 场（铁磁场）中加入磁性溶液。

55. 我们可以控制聚合滴

加上磁性溶液并使用磁场。

56. 钢管上的 A 和 B

没有答案

57. 猎人和狗

猎人需另一条狗在听到第一只狗叫时将他拖至现场。

58. 有不在现场的证明，但是……

没答案

59. 罗宾汉的箭

我们要把物一场补全。箭做成中空的，里面穿上尼龙细线，一端固定在侦探身穿的木靶上，另一端固定在弦上。

60. 盖思康的旗子

旗杆做成中空的，并钻上小孔使一个小电扇可以通过旗杆向旗子吹风。

61. 我要去玩具店

用黏土块。

62. 天青石"弄潮女神"像

使用喷灯前先把石块都浸没在水里。

63. 一个理想的答案

为了要焊接两段长的管道，我们用一个短的管子插在两个长管之间，旋转短的管道，同时将管道压在一起直到焊好为止。

64. 永不失败的仪器

测量容器中酸上面空气柱的共振频率。

65. 如何帮助这些工人

装上磁铁塞。

66. 微生物检测仪

液体加热产生气泡，气泡起放大镜的作用。再把气泡拍照后来数微生物数目。

67. 用秘密的方法上油

用涂上油的纸卷。

68. 打捞海盗福林特的宝藏

将浮筒的底部和珍宝箱的顶部冻在一起。

69. 艾波里特需要一个温度计

没有答案。

70. 帮助警长

没有答案。

71. 失重状态下的咖啡

没有答案

72. 构建物一场

将管道加热并观察热量的转移。

73. 让我们请来消防队

泡沫是理想的毯子。

74. 它自动关闭

用铁磁材料的居里点作温度控制开关。

75. 贵重的电容器

不用机械运动而用受热膨胀的金属杆。

76. 我看到一幅滑稽的画面

给皮毛充上静电以便将毛与毛分开而使皮毛干燥。

77. 秘密的另一半

应用电解过程。降落伞作为一个电极，气泡将从模型上出来而显示涡流。

78. 花瓣执行命令

如果能给花瓣充上相同的电荷,它们就会互相排斥而使花朵绽开。

附录2 方法、效应和窍门

1. 反过来做
2. 改变物质的物理状态
3. 提前来做
4. 做少一点
5. Matreshka（套叠法）
6. 在时间或空间上分离互相冲突的要求
7. 所有特殊的术语都必须用最简单的词来代替
8. 将相似的或不同的物体组合到一个系统中
9. 分离和组合
10. 动态化
11. 在物质中加入磁粉并用磁场控制
12. 物—场分析
13. 自我服务
14. 热膨胀
15. 从宏观结构转换到微观结构
16. 电晕放电效应
17. 利用铁磁性材料的居里点
18. 组合多种效应
19. 莫比乌斯圈的几何特性
20. 旋转双曲面的几何特性
21. 理想最终结果（IFR）
22. 引入第二种物质
23. 利用肥皂泡和泡沫

附录 3 美国提供 TRIZ 服务的机构[*]

American Supplier Institute
17333 Federal Drive, Suite 220,
Allen Park, MI 48101
Tel: (313) 336-8877

Goal/QPC
13 Branch Street,
Methuen, MA 01844
Bob King, Executive Director.
Tel: (508) 685-3900

Ideation International, Inc.
25505 West 12 Mile Road
Suite 5500
Southfield, MI 48034
Tel: (248) 353-1313

Invention Machine Corp.
133 Portland Street,
Boston, MA 02114
Tel: (617) 305-9250

The PQR Group
190 N.Mountain Road
Upland, CA 91786

---

* 编者注：年代久远，仅供参考。

Tel: (909) 949-0857

Pragmatic Cision,Inc.
225 Friend Streed
Boston,MA 02114
Tel: (617) 227-6400

Strategic Product Innovation,Inc.
7591 Brighton Road,
Brighton,MI 48116
Steven Ungvari,President.
Tel: (810) 220-8480.

Technical Innovation Center,Inc.
60 Prescott Street
Worcester,MA 01605
Tel: (508) 799-6700
Email: tic@triz.org
www.triz.org

TRIZ Consulting,Inc.
12013C 12 Avenue Northwest
Seattle,WA 98177
Zinovy Roysen,President and TRIZ Expert.
Tel: (206) 364-3116

The TRIZ Group
30120 Northgate Lane,
Southfield,MI 48076
Victor Fey,President and TRIZ Expert.
Tel: (810) 433-3075.

作者生平简介

根里奇·阿奇舒勒，TRIZ（创造性解决问题理论）之父，于 1926 年 10 月出生于苏联的塔什干。他在巴库居住过很多年。1990 年之后移居彼得罗扎沃茨克。

在 14 岁时，阿奇舒勒就获得了他的第一份"作者证书"（前苏联国内专利证书）。他当时设计一个利用过氧化氢分解而产生氧气的水下呼吸系统。他自己制作并测试了这项发明。阿奇舒勒在海军工作时，由于他的发明才能而成为专利评审官。就是在那里，在研究了成千上万例专利以后，他于 1946 年发现了发明背后所蕴含的模式并为 TRIZ 理论打下了基础。为了检验他的理论，他做出了很多项军事发明，其中一项排雷装置使他荣获苏联发明竞赛的一等奖。

第二次世界大战结束后，苏联的创造性气氛减弱。为了扭转这种局面，阿奇舒勒于 1948 年给斯大林写了一封信，批评了当时苏联社会缺乏创新精神的状况。这封信换回的是他的被捕。在被审讯和折磨了一年以后，他被判处 25 年徒刑并押解到西伯利亚。

在承受集中营的残酷境遇的同时，阿奇舒勒坚持研究并发展 TRIZ 理论。当时在集中营里有很多学者、教授、艺术家和高层次知识界人士。就在那里他整理出创新科学的很多要素的细节。封闭的集中营成为 TRIZ 的第一所机构。

在斯大林去世之后，1954 年阿奇舒勒被释放了。两年后他出版了第一本 TRIZ 方面的书。TRIZ 学校也在苏联蓬勃发展，直到 1974 年他和他的弟子们又遭到苏联当局的冷遇。即使如此，TRIZ 在地下仍然很盛行。虽然阿奇舒勒被勒令停止教授和出版与 TRIZ 有关的任何作品，他以 H.E.阿尔托夫为笔名写作科幻故事《在思想中遨游》，并将 TRIZ 概念融入其中。直到解冻之后，TRIZ 才又重振本来面目并一直盛行不衰。

1989 年成立了以阿奇舒勒为主席的 TRIZ 协会。

英译者生平简介

列夫·舒利亚克，出生于苏联的莫斯科，40 年来一直从事发明创造。

1954 年他在莫斯科公路建设学院获机械工程师学位。

毕业后他在当时修建最大的布拉斯克水力发电厂做机械工程师。他帮助设计、制造和安装生产水泥浆的第一套自动控制系统。

1961 年他第一次买到根里奇·阿奇舒勒的关于发明的书《如何成为发明家》。这本书在他解决问题的过程中起了很大的作用，一年之内他就因设计出机电传感器而获得他第一项专利。接着他应邀到莫斯科的动力学院（Orgenergorostroy Project Insitute）领导一组机械工程师工作。他们这个工程师组和另一个工程师团体合作，用各种当时最新的先进技术建设水泥制造厂。

从 1961 年到 1974 年，他获得了 15 项自动化控制系统和机械设备方面的专利。这些发明在好几家水利发电站的建设中节约了上百万卢布。

1973 年，他获得机械工程硕士学位。次年移居到美国。在马萨诸塞州的伍斯特定居后，从 1976 年到 1983 年他在诺顿公司作项目经理。他用 TRIZ 理论通过重新设计装备过程而为公司省下了数十万美元。

他因发明一些消费品而获得四项美国专利。他自己成功地制造和销售他的专利品。

1984 年，他开始在美国向工程师和少年儿童教授 TRIZ 理论。

1991 年，他创办了技术创新中心并开始向发明家、工程师和少年儿童教授基于 TRIZ 理论的系统创新学课程。他将阿奇舒勒的《哇！发明家诞生了》一书由俄文译成英文并于1993年出版发行。

　　舒利亚克先生致力于实现他的梦想，创建发明、创造研究中心。中心在儿童和工业界中促进创造性发展和系统性创新，为推广 TRIZ 理论做出了杰出的贡献。